中国设计在"一带一路"

——援外建筑创作实录

常威　崔博森　黄光伟　著

天津大学出版社
TIANJIN UNIVERSITY PRESS

图书在版编目（CIP）数据

中国设计在"一带一路"：援外建筑创作实录 / 常威，崔博森，黄光伟著. — 天津 ：天津大学出版社，2021.4

ISBN 978-7-5618-6889-8

Ⅰ．①中… Ⅱ．①常… ②崔… ③黄… Ⅲ．①建筑设计－作品集－中国－现代 Ⅳ．①TU206

中国版本图书馆CIP数据核字(2021)第068017号

Zhongguo Sheji zai "Yidaiyilu"—Yuanwai Jianzhu Chuangzuo Shilu

策划编辑 王云石 刘 浩
责任编辑 郝永丽 聂 晶
装帧设计 谷英卉

出版发行 天津大学出版社
地 址 天津市卫津路92号天津大学内（邮编：300072）
电 话 发行部：022-27403647
网 址 www.tjupress.com.cn
印 刷 北京盛通印刷股份有限公司
经 销 全国各地新华书店
开 本 210mm×285mm
印 张 8.5
字 数 135千
版 次 2021年4月第1版
印 次 2021年4月第1次
定 价 86.00元

前言

　　中国的对外援助始于20世纪50年代，援外建筑是援助项目中举足轻重的组成部分。这些海外建筑作为中国当代建筑的重要组成部分，使受援国的基础设施得到很大改善，但它们却很少出现在学术作品和公开出版物中。实际上，这些建筑大多出自中国大型国有建筑设计企业的中国建筑师之手，体现了中国建筑师对于当地人文、气候等诸多方面的思考。笔者认为，对中国援外建筑作品进行展示，能够体现中国在国际援助中的慷慨无私，也在一定程度上折射出中国建筑师的地域创作水平，有着特殊的意义。

　　2013年，习近平总书记提出了"一带一路"的倡议，中国的援外活动得到了极大的促进。随之而来的是，更多优秀的援外建筑作品如雨后春笋般，沿着"一带一路"的轨迹落地生根，造福当地。本书回顾了中国援外建筑的发展历程，详细介绍了九个优秀援外建筑项目，以详尽的文字和图片全面展示中国建筑师的援外建筑创作实录，同时为未来中国建筑师的海外创作提供参考借鉴。

　　本书能够顺利出版发行，需特别感谢天津市新闻出版局、天津大学出版社的鼎力支持，感谢王云石副社长、刘浩编辑的帮助，感谢机械工业第六设计研究院有限公司和中国城市建设研究院有限公司的积极配合。希冀本书能够为中国"一带一路"沿线援外建筑创作的蓬勃发展贡献微薄之力。

常威

2020年10月

目录

第一章
中国援外建筑创作历程回顾

援外指援助国（或地区）在经济、物质、技术、医疗卫生、教育培训等生产、生活各个方面对受援国（或地区）给予帮助。援外建筑是由援助国（或地区）向受援国（或地区）提供资金和技术，并委托援助国技术人员进行设计、施工的受援国境内的建筑项目。

从20世纪50年代起，在接受苏联和其他社会主义阵营国家的多项援助的背景下，中国开始向亚非拉等地区的发展中国家提供援助，其中包括大量的援建项目[1]。截至2019年，中国已向100多个国家援助了近2 000个建筑项目，包括政府办公楼、议会大厦、会议展览中心、体育场馆、剧院、学校、医院、图书馆、铁路、车站等（注：数据由笔者依据我国政府网站、其他网站公布的信息和走访设计院获得的资料整理统计）。随着"一带一路"倡议的提出，中国在亚洲、非洲、欧洲、大洋洲、拉丁美洲等的"一带一路"沿线国家援建了大量的民用、农业、工业等建设项目，有效地提高了当地的生产、生活水平，得到了受援国的欢迎和肯定。

这些援建项目均由中国企业承担设计、施工与管理，设计创作均出自中国大型国有建筑设计企业的中国建筑师之手。因此，援建项目的顺利建成与使用，是与中国优秀建筑师们独到而恰当的设计分不开的，这些建筑在很大程度上代表了不同时期中国的建筑设计水平，是中国当代建筑的重要组成部分[2-4]。

总体而言，中国的援外建筑创作可以分成探索阶段、发展阶段和新阶段，不同阶段的援外建筑创作各具特色。

第一节　精益求精的探索阶段（1958—1977年）

早期的援建任务需要商务部等部门进行组织和协调，并将设计任务下达到原建筑工程部所属中央和各大区设计院[5]。这一阶段的援建项目主要集中在蒙古、柬埔寨等周边国家，虽然数量有限，但都由当时国有大型设计院的主持建筑师、工程大师等主持设计，创作水平代表了当时中国建筑设计的一流水准。

例如，作为原建筑工程部直属的国有设计单位，北京工业建筑设计院在20世纪50年代后期和60年代初期出色、高效地完成了许多在蒙古的援建项目。建筑师龚德顺及其设计团队在乌兰巴托市完成了乌兰巴托国际酒店、两栋豪华别墅、乌兰巴托百货商场（图1、图2）的创作。在这些建筑设计中，现代主义建筑理念与当地语境恰

图 1　乌兰巴托百货商场（常威拍摄于 2019 年）

图 2　乌兰巴托百货商场内部（常威拍摄于 2019 年）

当地结合，呈现出简约、摩登的时代建筑风格。乌兰巴托体育场的设计虽然由苏联建筑师完成，但后期的管理与施工均由中国建设公司派出的高水平人才完成，它是蒙古最重要的体育设施，也是每年蒙古最大的文化盛会"那达慕"的举办场地（图3）。

　　20世纪50年代中后期，中国国内建筑设计主流的建筑语言是民族形式，而援外项目为国内建筑师提供了探索境外不同语境下现代主义的可能性。例如，由北京工业建筑设计院戴念慈总建筑师主持设计的斯里兰卡班达拉奈克国际会议大厦（Bandaranaike Memorial International Conference Hall）（图4），作为杰出的代表作品，集中体现了中国建筑师将现代建筑语汇同当地气候、传统、文化相结合的设计能力和技巧。

　　1964年，时任斯里兰卡总理的西丽玛沃·班达拉奈克夫人（Mrs. Sirimavo Bandaranaike）在周恩来总理访问斯里兰卡时请求中国援助修建一座国际会议中心，以缅怀其丈夫。原建筑工程部将设计任务指派给北京工业建筑设计院。在北京工业

图3　乌兰巴托体育场（常威拍摄于2019年）

图4　斯里兰卡班达拉奈克国际会议大厦（图片来源：《中斯友谊的象征：纪念班达拉奈克国际会议大厦援建工程技术及纪实》，中国建筑工业出版社，2013）

建筑设计院院长由宝贤、总建筑师戴念慈的带领下，设计团队前往科伦坡进行实地考察。在建筑创作上考虑了斯里兰卡的热带气候条件和当地的历史建筑特色，将斯里兰卡的传统建筑形式和构图同现代主义手法巧妙结合，选择使用斯里兰卡佛教建筑常用的八角形建筑平面，并考虑在室内使用当时最新的技术和设备。设计方案得到了班达拉奈克夫人的喜爱。

班达拉奈克国际会议大厦总建筑面积约为3.254万平方米，由八角形平面的主体建筑和附属办公楼群组成，包括一个有1 500个座位的国际会议大厅（配有同声传译设备）、一个有208个座位的演讲厅、六个中小会议厅和一个宴会大厅。在老一辈设计师的巧妙设计下，这座体量巨大的会议建筑并不显得笨拙。向上倾斜的八角形屋盖由40根28米高的白色大理石柱支撑，形成宽阔的平台外廊。八角形的"角"正对入口方向，比起"边"正对入口减少了敦实感。会议大厅内分楼座和池座，前面设置水池，映现会议中心，营造纪念性建筑的场所感（图4）。同时，在建筑创作中运用了当地的建造方法和装饰图案，柱端镶嵌金色的民族花纹，大门、通道和柱顶等处都绘有斯里兰卡传统的狮子、荷花等图案。斯里兰卡传统建筑语言很好地融合在这座现代化的会议大厦中（图4）[6-7]。班达拉奈克国际会议大厦建成后，成为当地政治和文化活动的重要场所。班达拉奈克夫人称赞它"是斯里兰卡从中国获得援助、同情和谅解的无与伦比的范例"，"是斯中友谊和合作的至高无上的象征"。

从20世纪50年代末到70年代末，还有坦赞铁路、几内亚人民宫等备受瞩目的援外建筑项目相继建成。这些精益求精的援建作品，代表了中国对欠发达地区的无私、慷慨而彻底的援助，蕴含着早期中国建筑大师们的心血和爱国情怀，也为中国的援建项目创立了良好的口碑，指引着后续援建作品的创作与实施。

第二节　着重地域设计的发展阶段（1978—1999年）

20世纪80年代以来，中国的援外建筑数量继续增加，经济和技术援助变得更加多样化，互利合作、共同利益成为主题[8]。中国援建项目的分布范围从邻近国家和少数非洲国家扩展到更多的非洲国家和一些拉丁美洲、大洋洲国家。中国建筑师对于援建项目的设计更加成熟、自如，他们在继续秉持早期探索阶段的精益求精态度的基础上，又赋予其时代、科技和社会发展所带来的多元化的突破。

例如，为支持在肯尼亚召开的第四届全非运动会，中国援建了位于肯尼亚首都内罗毕的莫伊国际体育中心。该体育中心由中国西南建筑设计研究院设计，包括拥有6万个座位的体育场、5 000个座位的室内体育馆、2 000个座位的游泳馆和附属设施，于1987年建造完成。该体育中心体育场的主创设计师徐尚志带领建筑师和工程师团队在创作之初前往肯尼亚考察了数月。为了使这座外来的庞然大物更加契合当地自然与人文环境，设计团队特别调研了肯尼亚当地的建筑风格和建筑材料[9]。该体育场结构形式为传统的钢筋混凝土双框架结构，三层看台，平面划分为24个分区，每一分区都用斜柱悬挑，将看台塑造成花瓣形状，好像一朵盛开的鲜花，以此象征中肯人民的友谊。各区入口装饰有具有非洲特色的假面具浮雕。开敞的休息廊和嵌入式庭院均模仿了当地的空间习惯做法，作为特殊的文化空间。外表材料使用清水混凝土，直接裸露，经历当地气候的洗礼后，逐步展现出的质朴与粗犷渗透出契合东非本土文化的颜色（图5）。该体育场得到了当地人民的喜爱，多场文化、政治、体育

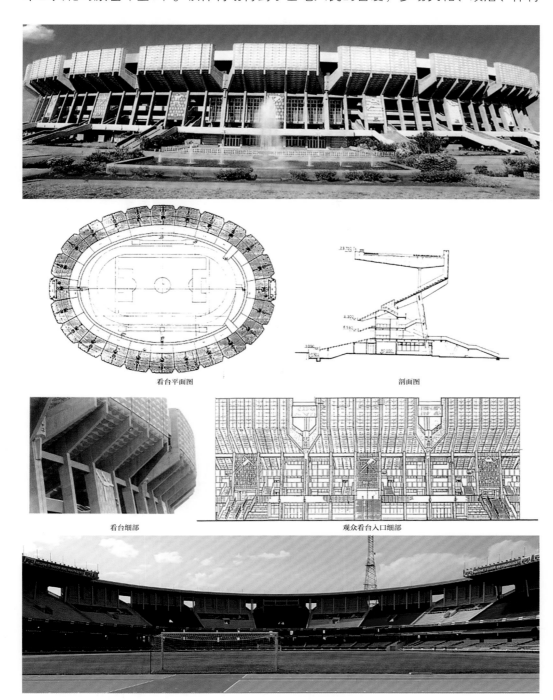

看台平面图　　　　　　　　　　剖面图

看台细部　　　　观众看台入口细部

图5　肯尼亚莫伊国际体育中心体育场（图片来源：《中国建筑设计精品集锦(5)》，中国建筑工业出版社，1999）

盛会在此举行，经过几次维护，这个体育场至今依然在较好地运行[4]。

在这一时期的援外建筑中，另一个代表性实例是加纳国家剧院。该项目由杭州市建筑设计研究院的建筑师程泰宁及其团队于1986年设计。建筑师将抽象的建筑形式与当地文化相结合，三个方形的体块（剧院、展览厅、排练厅）分别放置在基地的三个角，中部的体块与其相互连接并形成院落，塑造出极具符号特征的屋顶（图6）。这个设计方案体块关系清晰，造型简洁有力，外部形式能够暗示建筑的内部功能，室内装饰大量运用了当地的传统纹饰与做法（图6）。加纳国家剧院被印在加纳的钞票上（图7），深受当地民众的喜爱。

这些援外建筑得到了受援国的赞扬，展示了中国建筑师的风采和设计水准。

图 6　加纳国家剧院（图片来源：https://www.cmo.so/news/show-73746.html）

图 7　印有加纳国家剧院的加纳钞票（旧版）

第三节 多元化发展的新阶段（2000年至今）

21世纪以来，中国的援建项目数量持续增加，援助地区进一步扩大，援助类型更加多样化，援助标准与等级日趋向国际标准靠拢。这对中国建筑师来说，既是机遇，又是挑战。通过借鉴老一辈优秀建筑师的精品方案和大量的援外建设经验，21世纪以来的援建项目达到了新的水准，这同多年来中国建筑设计界的国际交流、境外建筑师在中国的大量实践和更加开放、包容的援助机制密不可分。

随着从2000年起北京开始举办中非合作论坛，中国与非洲和其他地区的国际合作跨入新的纪元。在2006年的中非合作论坛北京峰会上，中国政府决定为非洲联盟建设一个新的会议中心（非盟总部会议中心）。该项目位于埃塞俄比亚，代表着中国和非洲之间蓬勃发展的双边关系。同济大学建筑设计研究院的任力之及其团队完成了该项目的设计。会议中心由一个水平方向的体块和一个99.9米高的竖直体块构成（图8和图9），建筑面积为5万平方米。高塔和裙房的外部均由一系列竖向线条装饰。竖直体块为办公区域，水平体块包含一个两层通高的玻璃顶大厅，这些元素使得建筑具有强烈的纪念性和符号性，预示着中非关系的美好前景。水平建筑的中部设有一个拥有2 550个座位的大型会议厅，在其周边设置了一个拥有650个座位的

图8　非盟总部会议中心鸟瞰图（图片来源：同济大学建筑设计研究院）

图9　非盟总部会议中心（图片来源：同济大学建筑设计研究院）

中型会议厅、一些小办公室和其他功能房间。在大型会议厅和周围的办公室之间，是明亮、简洁的中庭空间，建筑师将其设置为供社交用的公共空间，并在空间中引入更多的自然光。精心设计的圆形空间作为会议中心，呈现出鲜明的现代性（图8~图10）。整个非盟总部会议中心有着流动的空间组织、优雅的形象风格、精巧的细部构造，结合可持续技术的恰当应用，体现了一种移植的现代性（transplanted modernity）。非盟总部会议中心从设计、施工、技术和项目管理等方面体现了中国援外建筑在全球化舞台上的新的高标准[9-10]。

体育建筑作为中国援外建筑的重要组成部分，在21世纪变得更加举足轻重。根据笔者的不完全统计，自20世纪60年代起，中国已经在亚、非、拉和大洋洲等地区援建了100多座体育建筑。国际奥委会前主席萨马兰奇曾说，要看中国的体育建筑，请到非洲来。21世纪以来，随着中国建筑设计水平的提高、大跨度建筑结构和技术的进步、合作方式的多样化，中国援建的体育建筑彰显出较高的设计水准。

例如，位于坦桑尼亚原首都达累斯萨拉姆的奥林匹克体育场（又名坦桑尼亚国家体育场），拥有6万个座位，是中国政府当时援助建设的最大体育场之一（图11）。该体育场依据中国国内大型体育场的设计标准设计，并且符合举办国际田径联合会(IAAF)和国际足球联合会 (FIFA)国际赛事的标准。和以往中国援外项目由中方建筑师主导的方式不同，该体育场由南非的设计公司BKS完成概念设计，在此基础上，北京市建筑设计研究院（BIAD）进一步深化。主创建筑师江宏注意到，坦桑尼亚国民热衷于足球比赛，体育场举行国际田径比赛的频率较低，因此他选择用东西直线边加两个半圆组成的形状替代中国国内常见的四瓣同心圆形状的体育场看台，

图 10　非盟总部会议中心内部（图片来源：同济大学建筑设计研究院）

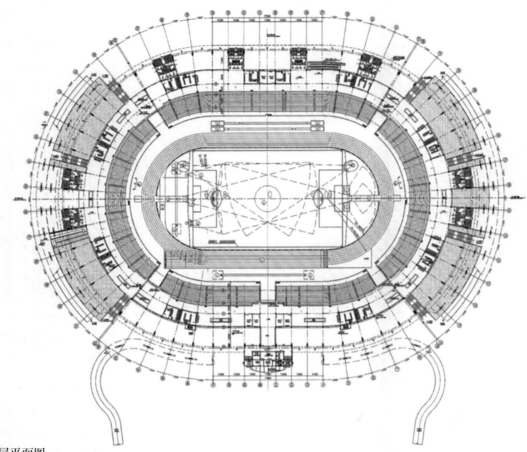

体育场二层平面图

图 11 坦桑尼亚国家体育场(上图来源:江宏,坦桑尼亚国家体育场,建筑创作,2007(1);下图来源:https://www. stadiumguide.com/tanzania-national-stadium/)

从而缩小了观众观看足球比赛的视距。另外，当地有超过10%的居民为残疾人，因此在体育场内设置了数量较多的无障碍座椅，高于国内无障碍设计规范。体育场的屋面采用了具有较好阻热性能（反射太阳辐射达70%以上）的PTFE（聚四氟乙烯）材料。由于达累斯萨拉姆地区降雨稀少，设计师还为体育场设计了特殊的雨水循环系统[11]。

"一带一路"倡议提出以来，中国对援外建筑的地域分布进行了适当的调整，援外建筑主要集中于"一带一路"沿线地区，其创作更加多元化。随着受援国经济水平的提高，受援国对援建建筑提出了更加现代化的要求；同时，文化自信的提升也使得他们对援建项目的文化性、民族性有了更高的要求[12-13]。因此，中国建筑师进行的援外建筑创作，也要更加关注援建项目的适应性、国际性和文化性。这也是本书表达的主旨所在。

参考资料

[1] 中华人民共和国国务院.《中国的对外援助（2011）》白皮书.

[2] 常威，薛求理.浅谈我国援外体育建筑的地域性设计尝试[J].建筑与文化，2018(10)：241–243.

[3] 常威，薛求理.援外建筑创作中的文化表达——以援柬埔寨建筑实践为例[J].城市建筑，2019，16(25)：26–29.

[4] 常威，薛求理，贾开武.我国援外体育建筑设计中地域文化的理解与表达——以三个援建体育场为例[J].建筑师，2019(6)：96–99.

[5] 石林.当代中国的对外经济合作[M].北京：中国社会科学出版社，1989.

[6] 袁镜身，王金森.建院·发展·壮大[M]//王金森.中国建筑设计研究院成立五十周年纪念丛书：历程篇（1952—2002）.北京：清华大学出版社，2002.

[7] 江勤政.中国和斯里兰卡的故事[M].北京：五洲传播出版社，2017.

[8] 张郁慧.中国对外援助研究（1950—2010）[M].北京：九州出版社，2012.

[9] 徐尚志.在肯尼亚的日日夜夜[M]//杨永生.建筑百家回忆录续编.北京：知识产权出版社，中国水利水电出版社，2003：247–258.

[10] 黄昉苨.建成非盟总部大楼的中国人[N].青年参考，2012–04–11(A08).

[11] 江宏.坦桑尼亚国家体育场[J].建筑创作，2007，91(1)：50–55.

[12] CHANG W, XUE Q L. Climate, standard and symbolization：critical regional approaches in designs of China–aided stadiums[J]. Journal of Asian Architecture and Building Engineering, 2020(4): 341–353.

[13] CHANG W, XUE Q L. Towards international：China–aided stadiums in the developing world[J]. Frontiers of Architectural Research, 2019, 8(4): 604–619.

第二章
"一带一路"上援外建筑创作实录

    本书挑选了2013年以来具有代表性的中国援外建筑作品，对其创作过程进行介绍。由于篇幅有限，本书主要展示了办公、教育、医疗三个类型的建筑项目。这些项目鲜为人知却独具特色，在默默地推动着受援地区教育、医疗等的发展。每个项目的介绍都包含简短的文字叙述和丰富的图片展示。图片由设计师或设计机构提供，真实度、可信度高。

    在项目的选择上，笔者力求通过案例折射出中国建筑师在进行援外创作时常采用的设计方法和理念。例如，援津巴布韦议会大厦和援喀麦隆国民议会大楼体现了国际化与民族特色相结合的创作手法，援赞比亚大学孔子学院则体现了中式风格建筑与中国文化在异域融合发展的方式探索，援阿富汗国家职业技术学院与援柬埔寨特本克蒙省医院等项目体现了在援外建筑创作中对地域环境、当地建筑风格的思考。

    这些项目虽然不能全面代表中国的援外建筑设计现状，但我们希望通过这些项目的创作实录，展示中国建筑师在援外建筑创作中付出的智慧、心血与热情，彰显中国援外建筑创作的水准，并为未来的境外创作提供较好的参考。

第一节　办公建筑

项目1：援津巴布韦议会大厦

项目名称： 援津巴布韦议会大厦
设计时间： 2018年
设计机构： 机械工业第六设计研究院有限公司
设 计 师： 苏源及其团队

　　津巴布韦共和国位于非洲东南部内陆，面积约为 39.1 万平方千米，总人口为 1 306 万（2012 年人口统计）。哈拉雷是津巴布韦的首都和最大的城市，是政治、经济、文化中心，海拔为1 480米，人口为201万，年降水量在1 000毫米左右，年均气温为18 ℃，常年凉爽如春，四季宜人。

　　中国与津巴布韦共和国于1980年4月18日津巴布韦独立当天建交。建交以来，两国关系发展顺利。2018年4月，两国建立全面战略合作伙伴关系。中津两国政府间签有经济技术合作、贸易、投资保护等协定和避免双重征税协定，设有经济贸易联合委员会。两国建交以来，中国援助津巴布韦建设了哈拉雷国家体育场、医院、学校、水坝、水井、服装厂等项目，利用中国进出口银行出口买方信贷和政府贴息优惠贷款在其境内承担了水泥厂、国防学院、维多利亚瀑布市机场改扩建、卡里巴南岸水电站扩容等项目，并多次派出教育、医疗队伍前往津巴布韦进行人道主义援助，促进了津巴布韦经济社会的发展。

　　援津巴布韦议会大厦位于哈拉雷西北方向规划新城的祈祷山上，距哈拉雷市中心约20千米，项目场地山下为未来的哈拉雷新城。该项目建设规模为31 925平方米，其中，办公楼面积为21 830平方米，议事厅面积为9 750平方米，连廊面积为300平方米，门卫房面积为45平方米。议会大厦建设用地约为8公顷，在接近山顶的位置有上下两处较平坦的台地可供使用，两者高差为20米，西高东低，坡度为20%~30%，建筑布局结合现状场地是设计首先要解决的问题。

　　项目的设计立足议会大厦的特性，以"民主、自由、开放"为理念，同时融入当地文化。建筑设计充分结合当地气象、地理、人文等实际情况，合理规划建筑布局，顺应地形，在保证原有生态格局的同时，营造丰富的空间感。在建筑布局中考虑高差对议会大厦的影响，合理组织建筑内外的交通流线，以减少各建筑内部功能之间的相互干扰；因地制宜，采用山地建筑的处理手法，并结合中国传统"同心圆"的特点和当地石头城的历史脉络，营造出"起承转合"的空间逻辑和宜人的室内外空间。景观设计与建筑布局相统一，采用"一轴一带多节点"的设计手法，充分考虑场地高差关系、建筑功能和使用人群的需求。

在空间设计中将津巴布韦历史遗迹"石头城"作为概念源泉。石头城（大津巴布韦遗址）被联合国列入世界文化遗产，是撒哈拉以南非洲大陆最重要的古代遗迹。其代表的古代非洲文明，被称为"津巴布韦古文化"。大津巴布韦在班图语中意为石头城。城市都由石块建成而未用任何黏合物，至今仍坚固挺拔，宏伟壮观。石头城分山顶建筑、山下石廊和谷地建筑三个部分，现已成为津巴布韦古文化的象征。设计师通过研究哈拉雷的城市肌理空间发现，哈拉雷城市空间规划有着明显的"石头城"城市空间特色，空间由大及小、层层围合，从城市宏观规划的角度将当地文化渗入平面布局，进一步演绎"大津巴布韦"文化，体现地域特色。

空间形态以中国传统的"同心圆"建筑布局为基础，结合当地石头城的历史脉络，进行现代式的变形，保证其使用功能符合议会大厦的要求。东西向主轴贯通建筑主体，形成以轴线对称的建筑节点，结合自然高差，整个建筑分为穹顶会议区、围合办公区，收放之间形成规划有序的空间序列，寓意着议会大厦的民主、自由、开放。组团核心间有显性和隐性两种连接，显性连接具有空间的通透性，隐性连接通过空间的间接关系和连廊、屋顶步行广场、视觉穿透等方式形成对接关系。

建筑采用比较能体现当地传统建筑文化的圆形布局形式，立面采用米黄色、土色、褐色等石材，配合局部玻璃幕墙，打造出庄严、稳重的国家议会大厦形象；同时在室内的重点装修区域着重体现非洲文化特色，以期项目建成后成为当地新城的标志性建筑。

图 1　效果图

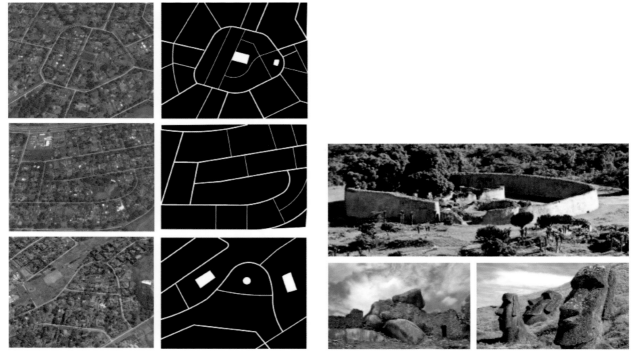

图 2 概念分析：立足本土文化，展现地域特色

图 3 概念分析：中津文化结合，体现援建建筑特色

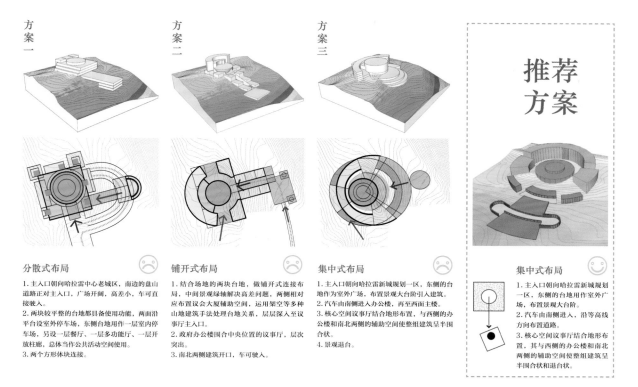

方案一

分散式布局

1.主入口朝向哈拉雷中心老城区,南边的盘山道路正对主入口,广场开阔,高差小,车可直接驶入。
2.两块较平整的台地都具备使用功能,两面沿平台设室外停车场,东侧台地用作一层室内停车场,另设一层餐厅、一层多功能厅、一层开放柱廊,总体当作公共活动空间使用。
3.两个方形体块连接。

方案二

铺开式布局

1.结合场地的两块台地,做铺开式连接布局,中间景观绿轴解决高差问题,两侧相对应布置议会大厦辅助空间,运用架空等多种山地建筑手法处理台地关系,层层深入至议事厅主入口。
2.政府办公楼围合中央位置的议事厅,层次突出。
3.南北两侧建筑开口,车可驶入。

方案三

集中式布局

1.主入口朝向哈拉雷新城规划一区,东侧的台地作为室外广场,布置景观大台阶引入建筑。
2.汽车由南侧进入办公楼,再至西面主楼。
3.核心空间议事厅结合地形布置,与西侧的办公楼和南北两侧的辅助空间使整组建筑呈半围合状。
4.景观退台。

推荐方案

集中式布局

1.主入口朝向哈拉雷新城规划一区,东侧的台地用作室外广场,布置景观大台阶。
2.汽车由南侧进入,沿等高线方向布置道路。
3.核心空间议事厅结合地形布置,其与西侧的办公楼和南北两侧的辅助空间使整组建筑呈半围合状和退台状。

图4 推荐方案分析

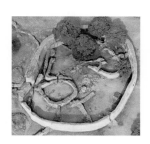 

大津巴布韦遗址"石头城"

津巴布韦是非洲文明古国,石头城(大津巴布韦遗址)是撒哈拉以南地区建筑艺术的杰出代表。其有机的圆形城市布局,经百年而风采犹在。

在讨论形体关系时,我们认为圆的形式可以独立于其环境中,表现其理想形式,但仍能在它的边界之内与一个更具功能性的几何形体结合起来。

圆形形体的内向性使其能够成为一个轴心,使几何形式或方位对立的形体在它周围得到统一。

理想城市平面

纵观历史,类似石头城的圆形几何布局,一次次出现在世界各地的理想城市平面中。

圆形集中式

圆形具有集中性、内向性,它在所处的环境中是稳定的,以自我为中心的。

结论

本方案以中国传统的"同心圆"建筑布局为基础,结合当地石头城的历史脉络,进行现代式的变形,满足议会大厦多元化的使用需求。

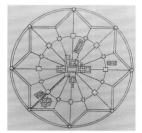 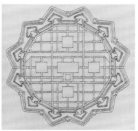

理想城市平面,1464年,A.费拉特   理想城市平面,1593年,V.斯卡莫齐

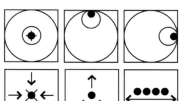

集中形式
多个从属的形式围绕着一个占主导地位且居于中心的母体形式

集中形式
多个从属的形式围绕着一个占主导地位且居于中心的母体形式

线形形式
一系列形式按顺序排成一排

图5 概念分析1

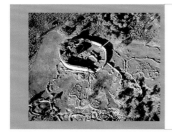

图 6　概念分析 2

两条轴线和一个同心圆

公共议会区作为整个议会大厦组群建筑的核心空间,为同心圆的"中心核",代表了思想的碰撞与精神的高地;沿"中心核"布置一栋半环形的政府办公楼;南、北两翼为配套服务空间。

考虑与城市的对景关系,生成两条轴线,一条望向新城一期,另一条联系哈拉雷中心老城。东面入口广场主要朝向新城规划道路,南面车行出入口与老城区方向呼应。

交通流线
步行流线
VIP流线

五层院落空间

前广场—绿轴—入口雨篷—环形广场—垂直客厅塑造区域主入口的空间序列,强化节奏感和一期规划新城的视觉焦点。组团间通过多种方式形成对接关系。

打造核心空间

整合区域空间,利用同心圆"一个焦点、层层环绕"的形式特点,形成以议事厅为核心的交流共享空间,并辐射其他区域,建立一个级配合理、层次丰富的公共空间构架。

建立规划秩序

梳理空间序列,形成与山地地形协调的有机秩序,营造"起承转合"的空间逻辑,通过空间的收放衬托建筑形象,强化建筑的礼仪性。

图 7　设计推导:空间布局

从西南向东北，津巴布韦的年降水量由300毫米递增到1 250毫米，年平均降水量为1 000毫米，年平均降水量不大，但雨季时降水量非常大。

哈拉雷一年四季不太分明，全年主要分为雨、旱两季，最热月为12月，中午温度可达30 ℃，最低温度为15 ℃。

虽然哈拉雷属热带草原气候，但由于海拔较高，室外空气较为干燥，相对湿度小，夏季不闷热。

阳光直接透过玻璃窗射入室内，易形成温室效应，眩光会影响工作和生活，也增大了建筑能耗。

津巴布韦当地气候炎热、光照充足，因此在设计过程中特别注重遮阳和通风、隔热。

从右图分析得出，遮阳效果依次为：建筑构件>内百叶窗、窗帘>遮阳篷。

经过室内卷帘阻挡与反射，部分阳光射入室内，可防止眩光。

阳光被外部竖向线条过滤，仅小部分阳光射入室内，可防止眩光。

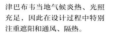

遮阳构件

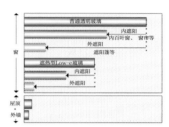

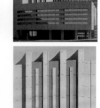

图8 设计推导：气候适应

图9 鸟瞰图

图 10　主入口和景观效果图

图 11　主入口效果图

图 12 议会大厦门厅效果图

图 13 议会大厦咖啡厅效果图

图 14 参议院效果图

图 15　众议院效果图

图 16　委员会会议室效果图

图 17　国会议员餐厅效果图

图 18　会议室效果图

图 19　多功能厅 1 效果图

图 20　多功能厅 2 效果图

图 21　行政办公厅效果图

图 22　走廊效果图

图 23　VIP 办公室效果图

图 24　WIP 办公室效果图

项目2：援喀麦隆国民议会大楼

项目名称： 援喀麦隆国民议会大楼
设计时间： 2018年
设计机构： 机械工业第六设计研究院有限公司
设　计　师： 张军平、张龙及其团队

　　喀麦隆位于非洲中西部，海岸线紧依邦尼湾，是几内亚湾和大西洋的一部分。喀麦隆属热带气候，南部温度不超过25 ℃，气候湿热；北部气温通常在25～34 ℃，气温高且干燥，全国年平均温度为24 ℃。每年3月到10月为雨季，10月到翌年3月为旱季。降雨量由北向南渐增，年平均降雨量在2 000毫米以上。

　　自1971年中国与喀麦隆建交以来，两国关系稳步发展，在各个领域进行了真诚友好的合作。中国向喀麦隆援建的主要项目有国民议会大楼、拉格都水电站、拉格都农业项目、残疾妇女缝纫车间等，同时向其提供了教育、医疗、基础设施等多方位的援助，促进了喀麦隆经济社会的发展。

　　援喀麦隆国民议会大楼项目位于喀麦隆首都雅温得市，是在原有议会办公场地上重新建设的。用地南侧为统一大道，道路南侧紧临学校，西侧为军营，北侧和东侧为民居，东侧不远处为城市地标——统一纪念塔。项目建设总用地面积为64 030.80平方米，场地整体地势西高东低、南高北低，南北向高差约为28米，场地西北侧局部为陡坡，由西北和东北侧的下山道路可以到达山下。援助建设内容包括建设用地范围内的半圆议会厅及附属用房、庆典厅、办公楼、消防警卫楼、设备用房和门卫房等功能用房，还包括建设场地内的广场、道路、喷泉、室外停车场、围墙等附属设施，停车位包括室内停车位30个、室外停车位300个。本项目拟新建建筑的总建筑面积为37 989.21平方米。

　　设计师在设计时立足当地气象、地理、人文等实际情况，合理规划建筑布局，顺应地形，在保证原有生态格局的同时，营造丰富的空间感。在建筑布局中考虑高差对各个功能空间的影响，合理组织建筑内外的交通流线，避免各建筑内部功能之间的相互干扰。建筑布局因地制宜，采用山地建筑的处理手法，在利用山形门廊构架统一新旧建筑的同时，营造宜人的室内外空间。景观设计与建筑布局相统一，采用"一轴一带多节点"的设计手法，充分考虑场地高差关系、建筑功能和使用人群的需求。

场地现状西南侧有一座较长的学校建筑，建筑层数为三层，为减少其对国民议会大楼主体建筑景观视线的影响，设计师将主要建筑组团设置在场地东侧。庆典厅与保留建筑对称设置，并用门廊构架连接新旧建筑，结合礼仪广场与半圆议会厅形成中轴对称的空间布局。办公楼设置在半圆议会厅西侧，通过连廊与半圆议会厅和庆典厅相连，满足功能与流线的需求。消防警卫楼相对独立地设置在场地西南角。沿南侧市政道路从西至东依次设置来访人员出入口、办公人员出入口、礼仪出入口、议长出入口，并结合场地北侧的两条下山道路设置临时出入口，以满足不同人群的流线需要。结合场地内建筑和广场布局设置环形道路，减少车辆对内部环境的干扰，场地西侧结合办公人员出入口与来访人员出入口设置集中停车场，并在半圆议会厅及附属用房东侧的议长出入口附近设置议长停车区。

图 1 鸟瞰图 1

建筑立意来自雅温得"七丘之城"的别称，采用较大的灰空间门廊构架将新老建筑有机联系在一起，远望如喀麦隆当地的山丘一样，与自然融为一体；利用室外门廊构架将保留的半圆议会厅与新建的半圆议会厅及附属用房、庆典厅统一为一体，在水平方向上伸展，以横向线条为主的门廊构架与以竖向线条为主的办公楼既对立又统一，在城市展示面上形成具有标识性的建筑群。整体建筑布局充分利用场地的高差，建筑单体布置因地制宜、错落有致，土石方工程量大大减少。

中间区域的灰空间为入口礼仪广场，具有较强的功能性、识别性，半圆议会厅坐落在礼仪广场中轴线的北端，中轴线左侧为原国民议会大楼，右侧为新建的庆典厅，形成中轴对称布局。建筑整体不仅在南侧城市道路形成具有标识性的建筑群，而且在北侧面向城市方向形成了具有识别性的建筑形体。建筑立面采用浅赭石色石材墙面、涂料配合局部玻璃幕墙，打造出庄严、稳重的国民议会大楼形象。同时，在室内的重点装修区域着重体现非洲文化特色。

建筑立面造型立足现代人文。设计师根据建筑功能进行空间划分和体块组合，通过石材和玻璃幕墙的对比体现建筑的现代风格，并结合文化建筑应有的精神特质进行提炼、创作。建筑外饰面充分考虑原有议会大楼"玻璃宫"的美誉，建筑形体虚实相间，形成每个单体不同的外形：半圆议会厅、庆典厅等建筑相对厚重，外墙开设大面积的玻璃竖窗；办公楼建筑外墙则为玻璃幕墙。

场地北侧

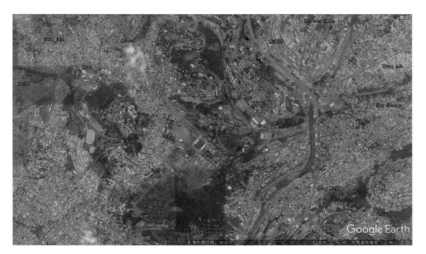

场地西北侧

场地东北侧

项目建设场地位于喀麦隆首都雅温得，处于城市丘陵地带高处，南侧临统一大道，北侧为城市低洼处，建有民居，西侧为军营，东侧不远处为城市地标——统一纪念塔。

图 2　项目简介 1

军营现状民居（场地西部）

议会大楼现状建筑（场地中部）

政府官员府邸（场地东部）

保留建筑（场地中部）

项目建设总用地面积为64 030.80平方米，内存现状建筑，包括军营内的现状民居、国民议会大楼场地内待拆除的现状建筑和保留建筑、东侧的政府官员府邸。场地南侧临统一大道。场地整体地势西高东低、南高北低，南北向高差约为28米，场地西北侧局部为陡坡，由西北和东北侧的下山道路可以到达山下。

图3 项目简介2

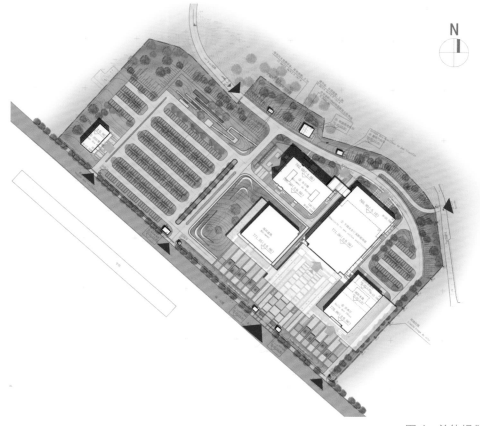

N

图4 总体规划

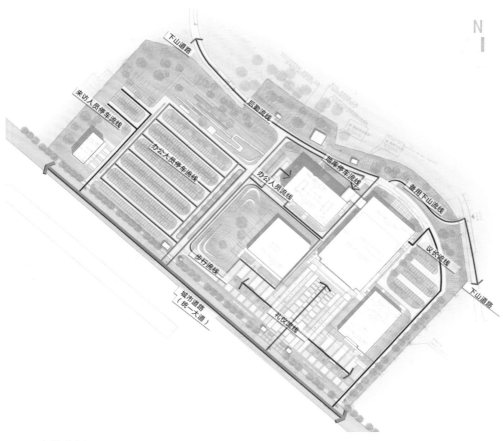

图 5 　流线分析

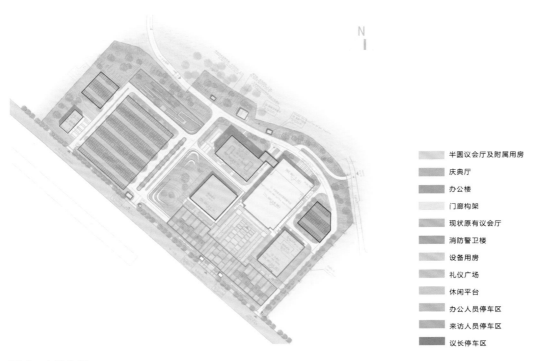

图 6 　功能布局

图 7 效果图 1

图 8 效果图 2

图 9 效果图 3

图 10 效果图 4

图 12 效果图 5

图 13 效果图 6

图 14　鸟瞰图 2

图 15　鸟瞰图 3

图 16　半圆议会厅礼仪入口效果图

图 17　半圆议会厅效果图

图 18　过厅效果图

图 19 总统接待室效果图

图 20 会议休息区效果图

图 21　会议室效果图

图 22　庆典厅门厅效果图

图 23　庆典厅效果图

图 24 办公楼入口门厅效果图

图 25 接待餐厅效果图

图 26 副议长办公室效果图

图 27 中厅效果图

图 28　议员餐厅效果图

图 29　景观节点效果图 1

图 30 景观节点效果图 2

图 31 景观节点效果图 3

图 32 景观节点效果图 4

项目3: 援刚果(金)政府综合办公楼

项目名称: 援刚果(金)政府综合办公楼
设计时间: 2018年
设计机构: 机械工业第六设计研究院有限公司
设 计 师: 苏源、李宏宇及其团队

刚果(金)位于非洲中西部,赤道横贯其中北部,北部属热带雨林气候,南部为热带草原气候。金沙萨是刚果(金)的首都和最大的河港,也是中部非洲最大的城市,位于国境西南部,扎伊尔河下游东岸,拥有300万人口,是刚果(金)的政治、经济、交通和文化中心,气候为热带雨林气候,全年高温多雨。

中国与刚果(金)自1961年建交以来,一直保持着友好的外交关系。中国多年来持续地对其进行了多方面的经济援助,例如承担了人民宫、人民共和体育场、制糖联合企业、手工农具厂、稻谷技术推广站、贸易中心、金沙萨邮件分拣中心、金沙萨综合医院、布卡武机场路翻修等项目的建设。

援建的政府综合办公楼位于金沙萨城区中部,临近中国早期援建的人民共和体

育场。基地位于凯旋大街北侧，周边城市交通便利。项目总建筑面积约为20 546平方米，为刚果（金）三个部委共同使用的政府综合办公楼。建筑布局考虑"两轴一环一中心"的总体构架，结合景观营造与广场设置，在空间中延续伸展，建筑围合成"九宫格"，形成形式与精神的中心。该办公楼与中国援建的人民宫、人民共和体育场位于一条通达的视线带上，其与凯旋大街的轴线共同构成"两轴"的空间格局。"一环"即主要道路形成的环形车行流线，"一中心"即办公楼作为场地的几何中心与精神中心。整体布局在平衡中实现秩序，同时通过室外空间的积极营造，体现自然、有机生长的空间自由度和多样化。

在进行建筑单体设计时，充分考虑与周边的两座中国早期援建建筑——人民宫和人民共和体育场的和谐统一，这种关系体现在平面布局、建筑风格和色彩等方面。同时，考虑到当地建筑通常外墙开窗面积较大，屋檐出挑宽阔，外窗设置很深的遮阳板；为实现屋面快速排水，当地建筑很多采用坡屋顶。本项目设计充分汲取了中国古代建筑的精华，虚实结合，盈亏平衡。立面造型采取具有纪念意义的三段式布局，底部以柱廊为基座，中段采用竖向线条构图形式，与人民宫和人民共和体育场风格相近，顶部采用坡屋顶造型。在三段式造型的基础上，单一外墙材质通过光影营造丰富的立面效果。

同时，项目设计充分考虑当地气候特征，在立面上采取了梁柱遮阳、墙体窗洞遮阳等措施，还设置了具有遮阳、挡雨功能的外廊，形成韵律，同时美化建筑造型，实现了室内外空间的过渡，达到了建筑与结构、功能与装饰的统一。

图 1　效果图

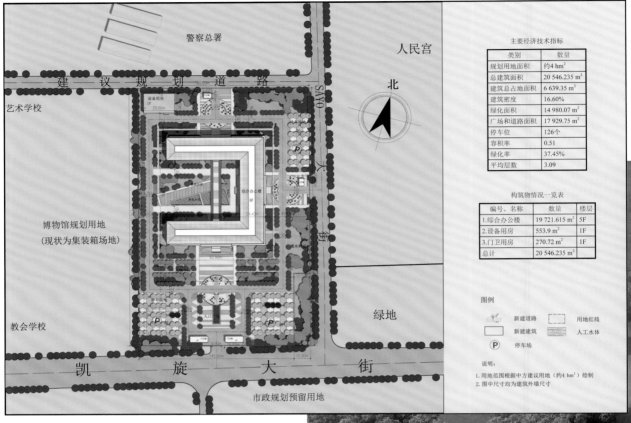

主要经济技术指标

类别	数量
规划用地面积	约4 hm²
总建筑面积	20 546.235 m²
建筑总占地面积	6 639.35 m²
建筑密度	16.60%
绿化面积	14 980.07 m²
广场和道路面积	17 929.75 m²
停车位	126个
容积率	0.51
绿化率	37.45%
平均层数	3.09

构筑物情况一览表

编号、名称	数量	楼层
1.综合办公楼	19 721.615 m²	5F
2.设备用房	553.9 m²	1F
3.门卫用房	270.72 m²	1F
总计	20 546.235 m²	

图例

新建道路　　　　用地红线
新建建筑　　　　人工水体
Ⓟ 停车场

说明:
1. 用地范围根据中方建议用地(约4 hm²)绘制
2. 图中尺寸均为建筑外墙尺寸

图2　场地设计

图 3 鸟瞰图

图 4　主立面图

图 5　立面效果图

图 6 入口效果图

图 7 内部庭院效果图

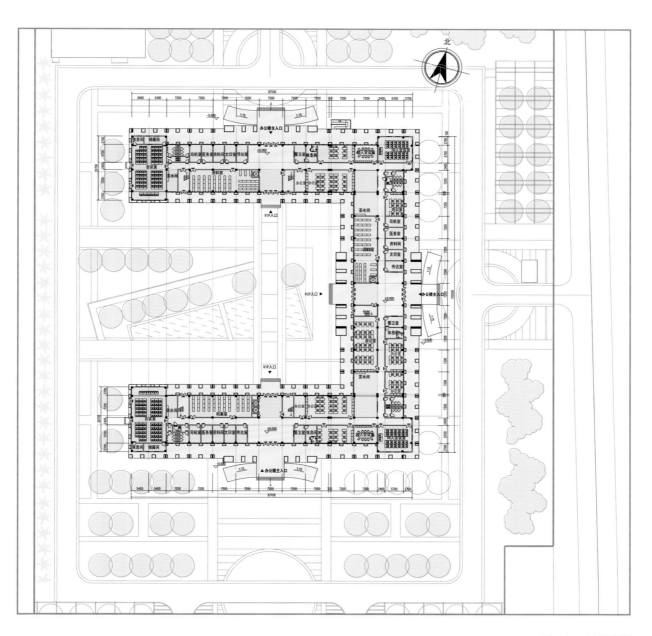

图 8 一层平面图

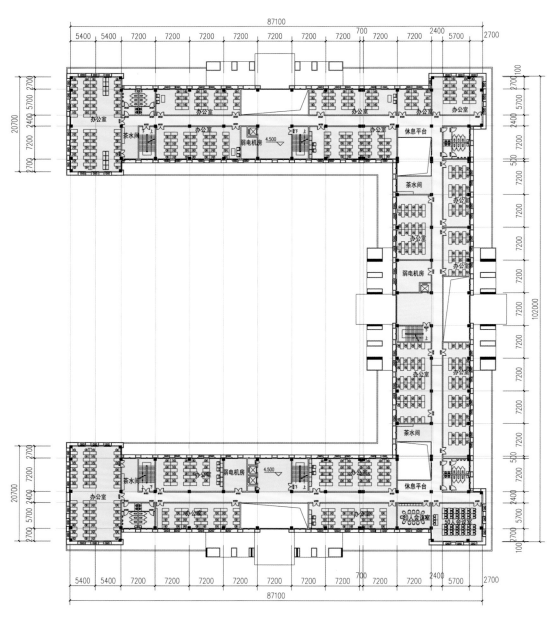

图 9 二层平面图

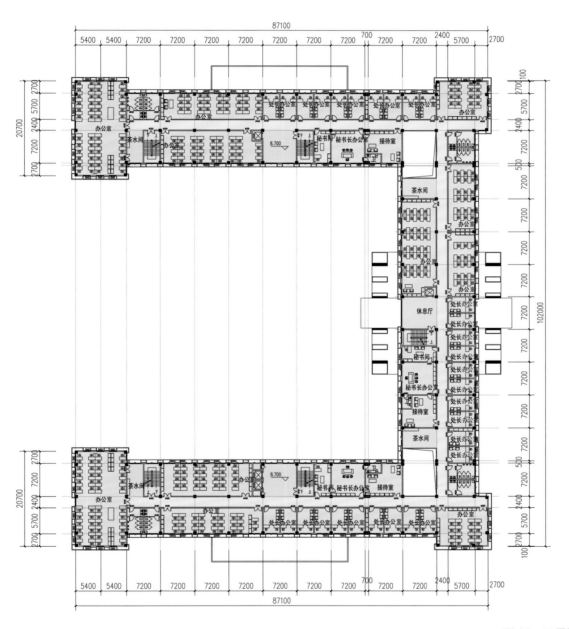

图 10 三层平面图

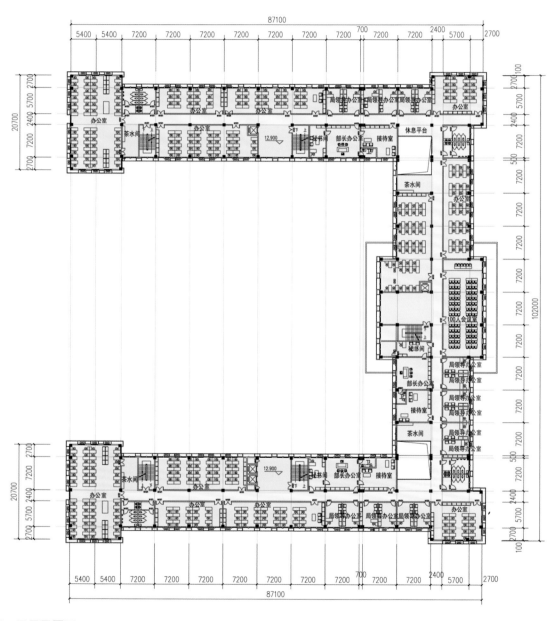

图 11 四层平面图

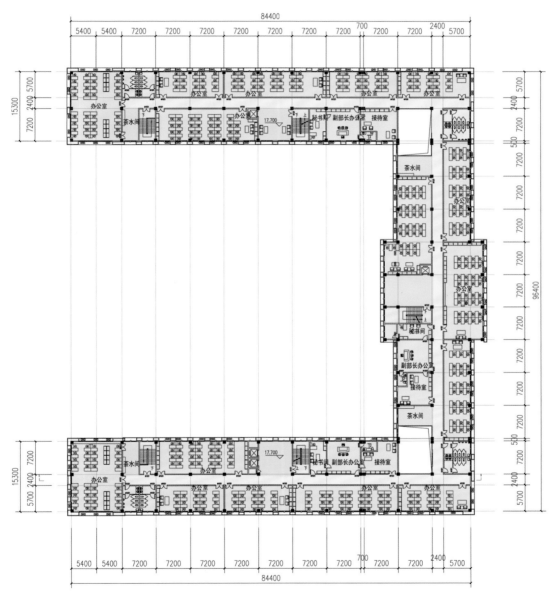

图 12　五层平面图

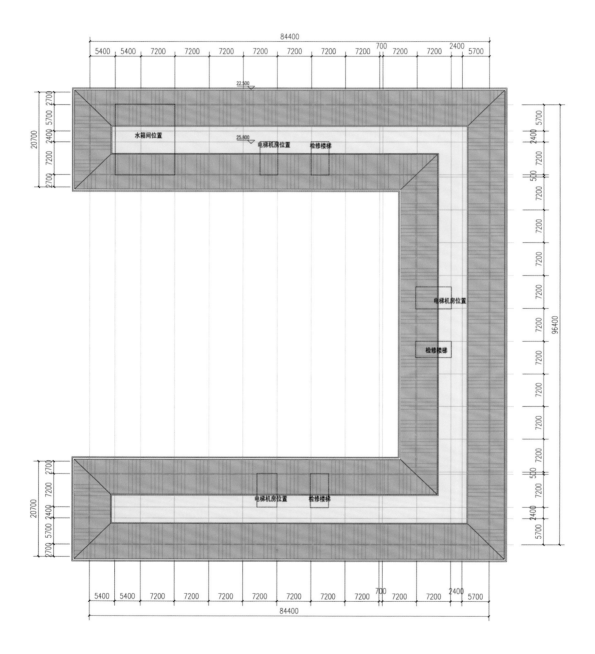

图 13 屋顶平面图

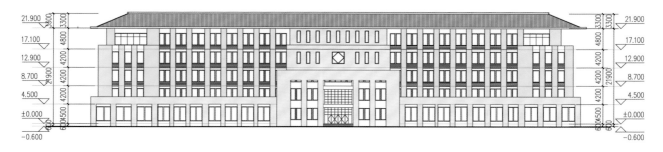

图 14 北立面图

图 15 南立面图

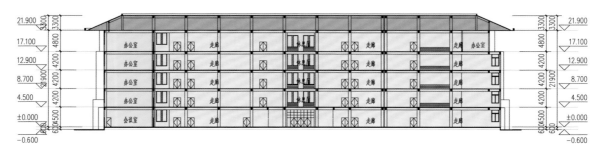

图 16 1：1 剖面图

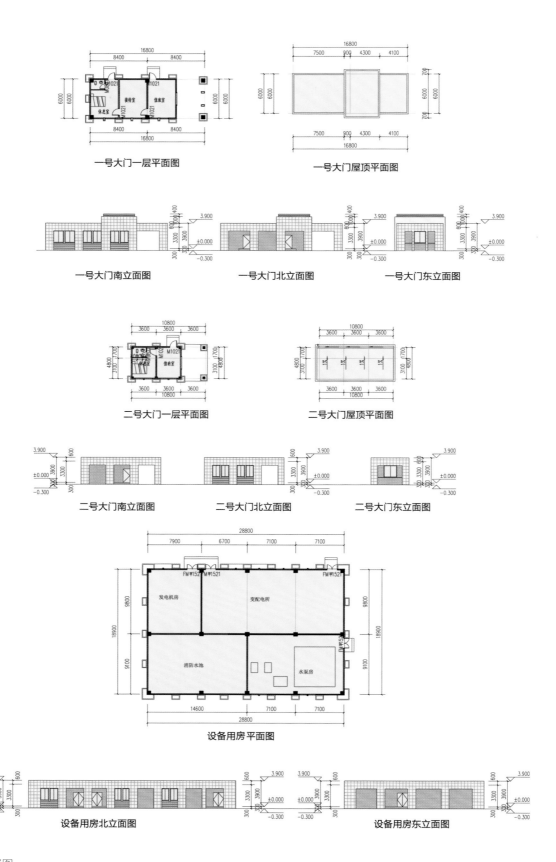

一号大门一层平面图

一号大门屋顶平面图

一号大门南立面图

一号大门北立面图

一号大门东立面图

二号大门一层平面图

二号大门屋顶平面图

二号大门南立面图

二号大门北立面图

二号大门东立面图

设备用房平面图

设备用房北立面图

设备用房东立面图

图 17　细部图

刚果（金）总统与我国驻刚果（金）大使
进行项目交接仪式

办公楼

门卫用房

大门正立面

办公楼正立面

办公楼侧立面

办公楼北立面

办公楼西立面

办公楼内庭院

图 18 实景图

第二节　教育建筑

项目1：援阿富汗国家职业技术学院

项目名称： 援阿富汗国家职业技术学院
设计时间： 2016年
设计机构： 机械工业第六设计研究院有限公司
设 计 师： 闫中良、张龙及其团队

阿富汗伊斯兰共和国（简称阿富汗），是一个位于亚洲中西部的内陆国，国土面积为647 500平方千米，人口约为3 680万，平均海拔为1 000米，属大陆性气候，全年干燥少雨，年温差和日温差均较大，季节明显，冬季严寒，夏季酷热。阿富汗是世界上最不发达国家之一，工业基础十分薄弱，社会经济生活水平亟待提高。

中国对阿富汗的援助始于1963年，在食品、卫生、医疗、教育等方面先后对其进行了多次援助，并援建了多项民生基础设施，如共和国医院、帕尔旺水利工程修复、国家科技教育中心等。由于连年战争，阿富汗教育事业严重落后。但阿富汗政府非常重视发展教育事业，尤其是职业技术教育，这对于提高该国劳动者技术素质、扩大就业、带动相关产业发展具有推动作用。阿富汗国家职业技术学院的建成，能为阿富汗未来的复兴带来希望之光。

该学院占地面积约为1.5公顷，位于喀布尔市中心，西侧与喀布尔大学相邻，南侧临近喀布尔女子师范学院。学院所处位置交通便利，南侧紧临城市主干道，东西两侧不远处均有城市道路经过。设计团队立足当地气象、地理、人文等实际情况，合理规划建筑布局，尽量减少建筑噪声对教学的干扰和各建筑之间的相互干扰；在满足受援方要求的同时，体现援助的标志性和整体性。本项目以"绿色、科学、人文"为出发点进行构思和设计，把"知识、交流、梦想"巧妙融入设计中，遵循"可靠实用、美观大方、经济合理"的设计原则，适当引入了能够体现中国工程建设发展水平的新技术和新材料，象征着给阿富汗地区

图1　场地分析

带来新的希望和梦想。

　　方案设计结合当地气候、人文条件，通过建筑的高低错落与远处的山脉形成呼应，建筑较强的体块感与当地厚重的建筑形式相统一，使校园风格与当地环境相融合。建筑物南北间距控制在1.5H（H为建筑物高度）以上，以减少噪声对教学建筑的干扰。建筑的每个房间都日照充足，主要房间尽量考虑南向采光。项目沿用校园内的原有景观元素，以保证校园景观格局的统一。十字形、几何化、林荫路中轴线的园林艺术形式颇具伊斯兰园林的特点。该项目空间以网状结构为规划基础，南北向主轴由大大小小的空间节点连接而成，收放之间形成规划有序的空间序列。组团核心间有显性和隐性两种连接，显性连接具有空间的通透性，隐性连接利用空间的间接关系和连廊、视觉穿透等方式形成对接。

　　设计地块位于阿富汗国家职业技术学院内部，临近学院南侧出入口，故不再单独设置出入口。机动车停车位布置在办公楼前，临近出入口，不仅方便实用，更能避免机动车进入校园内部，为步行空间提供更多的自由，实现人车分流。图书馆出入口和步行空间出入口充分利用原校园入口前广场。地块内道路设计均与原校园道路相衔接。地块内消防通道结合车行道，5米宽的环状车行道可满足消防车通行的要求。庭院内采用广场充当消防回车场的方式，满足庭院内的消防要求。

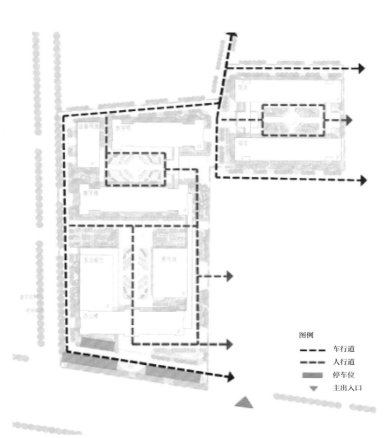

图2　流线分析

图3　功能布局

该学院建筑包括教学楼、多功能厅、图书馆、宿舍楼、办公楼、设备用房等，总建筑面积为15 238.65平方米。其中办公楼建筑面积为1 506.12平方米，教学楼建筑面积为6 891.84平方米，多功能厅建筑面积为1 014.68平方米，图书馆建筑面积为621.60平方米，宿舍楼建筑面积为4 840.89平方米，设备用房建筑面积为363.52平方米。本项目容积率为1.02，建筑密度为38.96%，绿化率为33.73%，有机动车停车位30个，道路、广场面积为5 949.27平方米。项目地块呈不规则形状，建筑依地形和原来校园的规划布局而建，整个布局呈"L"形，办公楼在场地的最南边，沿城市主干道布置；多功能厅和图书馆在办公楼北边，通过连廊连接在一起；两栋教学楼在图书馆北边，教学楼延续原校区规划，与原教学楼形成组团，通过门厅连廊连接在一起；宿舍楼在场地的东北角，单独形成生活区，并且与原校区宿舍组团一起形成宿舍区。办公楼布置在南侧临近城市道路和校园出入口处，方便办公，并彰显地块的形象，保证城市道路两侧建筑的连续性、协调性。多功能厅布置在地块西侧，临近道路交叉口，其开放性较强，在不影响自身使用的前提下可有效隔离道路对校园内部的影响。图书馆布置在校园内部，利用入口广场空间作为其出入口，不仅可供本地块内学生使用，也方便原校舍学生使用。新建教学楼、宿舍楼与地块北侧的原有教学楼、宿舍楼相呼应，形成完整的教学区和生活区，使校园内部保持统一、协调。设备用房临近西侧道路，方便市政进线，且布置在盛行风下风向，可最大限度地避免对宿舍楼、教学楼和办公楼的影响。

该项目建筑布局灵活，形成多个围合的庭院空间，并在局部用连廊连接的方式将各个功能体块自然相连，使庭院景观与活动场地通过灰空间自然过渡，也为师生提供了休闲的室外活动空间，尺度适宜，形式丰富多变。主要建筑单体以实用为主，并根据项目当地的气候特点和功能需求合理布置建筑朝向和位置，使建筑更加合理和节能；用连廊空间的形式对整体进行整合，使建筑形成围合感，不但丰富了视觉层次，还赋予建筑韵律感和文化内涵。建筑和连廊交错形成不同围合程度的院落空间，阿富汗冬季寒冷，利用建筑的遮挡作用，可使院落空间形成适宜的小气候。连廊灰空间的使用，避免了较为生硬的空间转换，丰富了空间的层次，提升了空间品质和空间体验，创造了更为舒适的空间环境。教学区和宿舍区采用相对独立的围合布局方式，使其功能房间之间的联系更为紧密。

由于当地气候具有夏季炎热、冬季寒冷的特点，故建筑以厚重为主，主要强调建筑的雕塑感，立面上适当减小开窗面积，有利于建筑保温隔热。由于当地年降雨量很小，所以屋面为平屋顶。除教堂等少数建筑类型外，当地建筑有较为明显的伊斯兰风格，比如有拱券的柱廊和细致的砖雕、花饰等。其他大多数公共建筑均是现代建筑风格。场地周边建筑物很少，最高为三层，都为平顶现代风格建筑。

援阿富汗国家职业技术学院建筑群中作为沿街主要形象展示的办公楼，立面设计采用现代风格，中轴对称布局使整个建筑形象大气、稳重。多功能厅和图书馆外均有柱廊围绕，增加了建筑的虚实对比，也增加了校园建筑的趣味性。建筑墙面采用当地建筑经典色系土黄色，实现了与当地环境的较好融合，可以更好地与当地环境和谐共生。连廊等部分建筑构件融入了少量的伊斯兰文化元素，使整个建筑风格更加丰富、协调。整体的建筑布局彰显了教育建筑的特点。

图4 效果图

图 5 鸟瞰图

图7 侧立面效果图

图 6 正立面效果图

图 8 庭院效果图

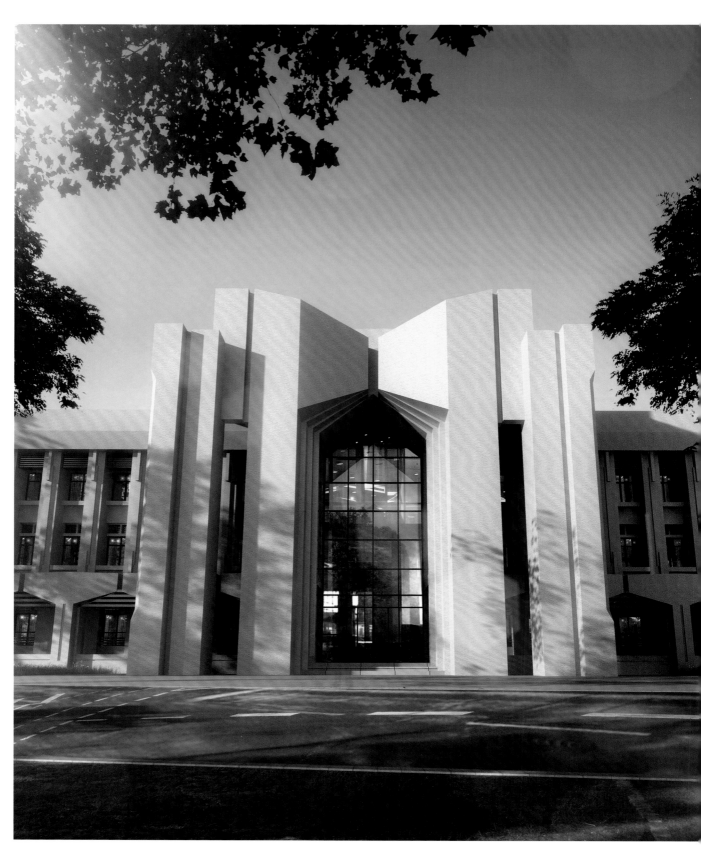

图 9　入口效果图

图 10　连廊侧面效果图

图 11　内庭院效果图

项目2：援赞比亚大学孔子学院

项目名称：援赞比亚大学孔子学院
设计时间：2012年
设计机构：中国城市建设研究院
设 计 师：崔博森及其团队

赞比亚位于非洲中南部，是一个内陆国家，属热带草原气候，温和凉爽，年平均气温在18~20 ℃。赞比亚与中国于 1964 年 10 月 29 日建交，是南部非洲第一个与中国建交的国家。半个多世纪以来，中国向其援建了坦赞铁路、公路、玉米面厂、纺织厂、打井工程等共70余个项目。其中坦赞铁路是中国最大的援外成套项目之一。在中非合作论坛框架内，中国为赞比亚援建了体育场、医院、学校、农技示范中心、疟疾防治中心、小水电站、太阳能发电站、打井工程等多个项目。

赞比亚大学现状建筑主要是以赞比亚大学图书馆为代表的混凝土建筑，是20世纪五六十年代的现代主义建筑，裸露的混凝土木模板痕迹清晰可见，虽年久失修，仍可见当年设计之匠心。赞比亚大学建筑多为平屋顶，整体感和体量感强、空间丰富、造型简洁硬朗，突出了混凝土材料的本色美感。

经国家汉办审核批准，河北经贸大学与赞比亚大学合作建立孔子学院。这所孔子学院是河北省院校在海外建立的第八所孔子学院，也是河北省院校在非洲建立的首所孔子学院。在国家汉办、中国驻赞比亚大使馆、河北省教育厅、河北经贸大学与合作方赞比亚大学的支持下，赞比亚大学孔子学院从2010 年 9 月起正式运行。孔子学院因地制宜，开展各类汉语教学和中国文化推广活动，取得了良好的社会效果。

孔子学院教学区位于赞比亚大学校园内。赞比亚大学孔子学院教学区A地块坐落于校长路南侧和学院路东侧，宿舍区C地块坐落于学院路西侧，南临心理学系教室，此场地面积约为 12 300 平方米。教学区和宿舍区所处区域地势平坦，交通便利，植被和绿地覆盖率高，

图1　区位图

自然条件良好。教学区场地北临景观水系，内部保留了大量原有树木和草地、植被，树木林立、绿草茵茵。校园内外自然环境相得益彰、浑然天成，构成了孔子学院良好的教学环境。

教学区总建筑面积为4 543平方米。其中包括12间教室（包括语音教室和多媒体教室各两间）、图书馆、演讲厅、中型会议厅、多媒体中心等空间。

为体现孔子学院的思想内涵，教学办公楼采用了中轴对称的合院式布局，教室、办公空间分列在轴线两侧。两进院落的中轴线上设置了图书阅览和演讲展示等公共空间，体现了中轴线上"德为先"的概念构思。院落中拟种植银杏树，有"儒家杏坛、服务社稷"的隐喻。

建筑整体风格为新中式与地域主义相结合，坡屋顶与院落布局相得益彰，屋面采用混凝土屋面加镁铝锰板，坚固实用，同时更加适合非洲当地的气候环境。主要单体建筑设木质遮阳板，通过外廊进行交通联系，外墙面为混凝土贴砖，同时在多个部分通过砖砌方式构建镂空部分，用多种措施共同提升建筑的自然通风性能。建筑的青色屋面配以黄褐色外墙，实现了中式风格与地域风格的和谐融合，在展现孔子学院文化建筑特征的同时，更加符合受援地区的审美取向。

此次援建的孔子学院项目，是中赞友好关系的体现，也满足了赞比亚人民对汉语学习的迫切需求，深化了中赞两国的教育文化交流，并为双方开展更广泛领域的合作发挥了平台作用。学院建成以来，河北经贸大学多次派出教育援助团，前往赞比亚进行汉文化教育，同时带去了先进的技术，为赞比亚发展提供了较好的硬件环境。

图 2 · 鸟瞰图

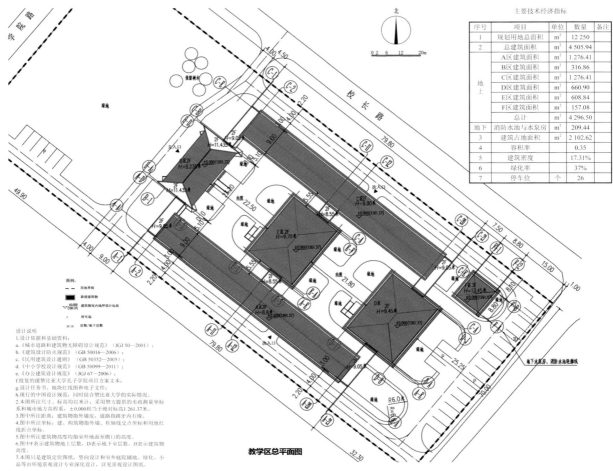

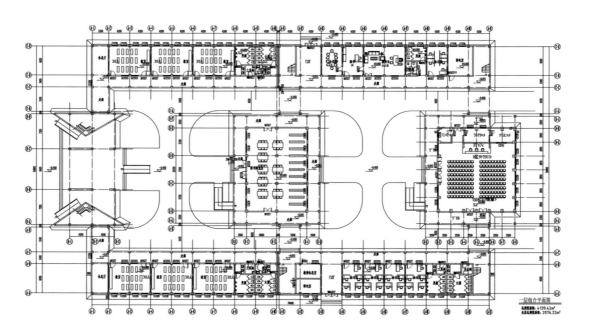

图3 场地设计

图4 一层平面图

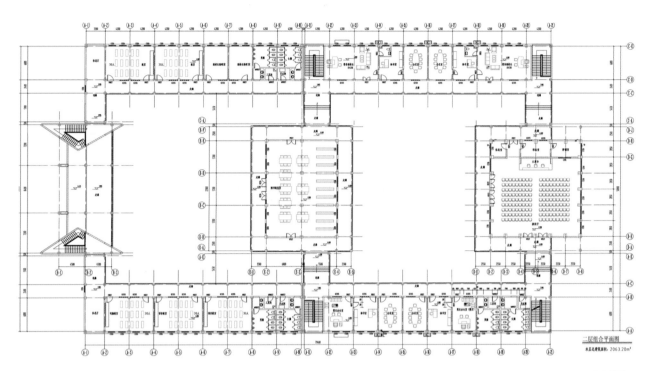

图 5 二层平面图

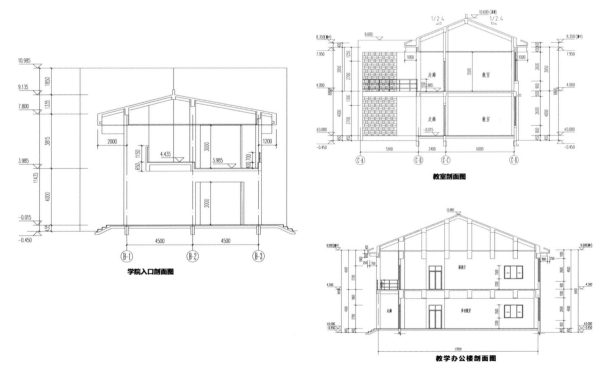

学院入口剖面图

教室剖面图

教学办公楼剖面图

图 6 剖面图

图 7 主入口效果图 1

图8 主入口效果图2

图9 实景图1

图 10 实景图 2

图 11 实景图 3

图 12 实景图 4

图 13 实景图 5

图 14 实景图 6

项目3: 援马里巴马科大学项目

项目名称: 援马里巴马科大学项目
设计时间: 2019年
设计机构: 机械工业第六设计研究院有限公司
设 计 师: 杜晓雨、张龙及其团队

马里共和国(简称马里)是西非的一个内陆国家,国土面积较大,是西非面积第二大国家,有着辉煌的历史,是重要的伊斯兰文化和财富中心。马里全境主要是盆地,地势平坦,气候以热带气候为主,全年分为热季、雨季和凉季。热季炎热干燥,高温持续,雨季多发暴雨。

中国与马里于1960年10月建交,建交以来一直保持着友好的外交关系。中国为马里援建了纺织厂、糖厂、皮革厂、制药厂、体育场、会议大厦、医院、巴马科第三大桥等项目,并多次派遣医疗队支援马里,双方的经济技术合作与贸易往来十分活跃。马里总理曾表示,中国是非洲最好的朋友。

援马里巴马科大学卡巴拉校区项目建设场地位于马里首都巴马科西南的卡巴拉市,距离现巴马科大学约25千米。本项目建设用地面积约为32万平方米,整体建设规模约为6.7万平方米。主要建筑包括行政楼和行政区食堂、图书馆、多媒体中心、阶梯教室(500人教室1个,300人教室2个)、孔子学院、科学技术博士和人文社会科学博士研究所研究室、人文科学系教学楼、法律系教学楼、技术教育高等师范学校、工业技术中心教学楼、健康科学系教学楼、语言中心、招待所和餐厅、设备用房和大门、门卫房等。项目建设场地整体较为平缓,由西向东高差为5~7米,场地平均坡度为1%,利于场地建设和各项管线的布置。总体布局采用"一轴两环一中心"的设计框架,重点营造积极的外部空间,实现人、自然、建筑的共生。从北侧的礼仪性主要入口广场开始,应景建筑物为行政楼,其亦为主入口的主要对景建筑,由此拉开核心共享区域的序幕。共享区域的中心为一个长方形绿化景观广场,其东西两侧分别为阶梯教室和多媒体中心。核心区东侧布置技术教育高等师范学校,西侧设置科学技术博士和人文社会科学博士研究所研究室。西侧校园主要出入口处设置图书馆,并沿中心景观依次设置孔子学院、工业技术中心教学楼、健康科学系教学楼等。临南侧次要出入口对称布置法律系教学楼和人文科学系教学楼。紧凑、合理的布局既节约用地,又创造出多个室外交流空间,增强了学校的交流功能,提升了校区内部的通风性能。交通系统规划以"人车分流、步行优先"为原则,既考虑各功能分区之间的联系,又保证

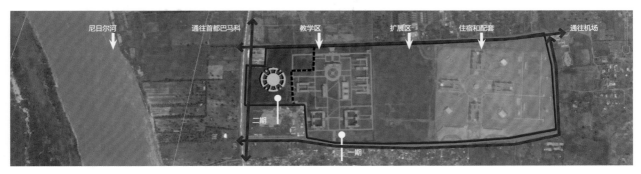

图1 建设场地

各区内舒适的步行环境，创造出安静的学习和办公环境。

　　本项目充分考虑受援国的需求，依据其使用习惯，结合我国现有的成熟教学经验，合理布局每栋建筑。特别是行政楼、阶梯教室、卫生间等部分，通过现场调研，根据宗教要求对房间布局、使用流线进行调整，使其满足使用者的需要。建筑平面布局充分尊重当地的习惯做法，结合使用空间设置更充足的学生交流场地，也可作为当地举办宗教活动的空间；卫生间设置冲洗器，以符合受援国的生活习惯；建筑外窗设置较长的挑檐或外廊，解决当地日照强烈的问题；建筑造型结合功能设置百叶，在风沙大的旱季可有效阻挡风沙；屋面设置隔热层，保证在炎热气候下的室内舒适度。

　　由于马里人民多信奉伊斯兰教，在充分尊重其宗教文化的原则下，建筑造型采用简化的伊斯兰风格，结合功能布局，每栋建筑物既相互联系，又有各自独特的风格。建筑色彩采用当地人喜欢的沙漠黄色调，配置部分白色构件，下部与室外地面

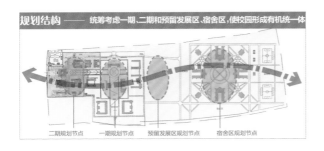

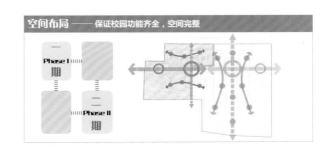

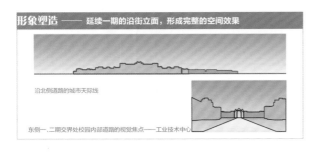

图2 规划推导

连接的部位涂刷浅红棕色涂料，以弱化当地的红土地在下雨、风沙等条件下对建筑产生的影响。立面设置外廊和外遮阳系统，以保证适合当地高温高热的气候环境。建筑多为一至四层，根据使用功能不同，错落布置，活泼灵动。本项目建成后，极大地解决了当地高等教育硬件设施不足的问题，有效地改善了受援国大学校园的环境。优美的校园环境，丰富的建筑造型，使本项目成为当地的地标建筑。本项目的建成使用不仅推进了"一带一路"倡议，落实了中非论坛成果，更成为中马友谊的又一丰碑。

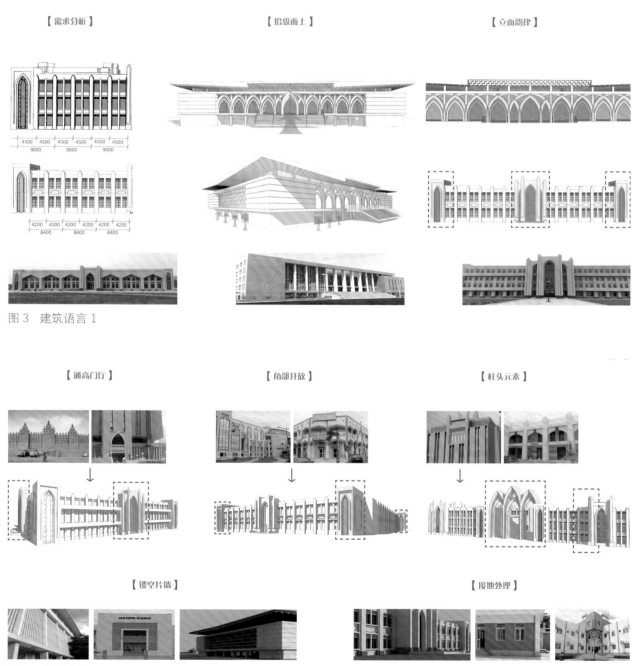

图3 建筑语言1

图4 建筑语言2

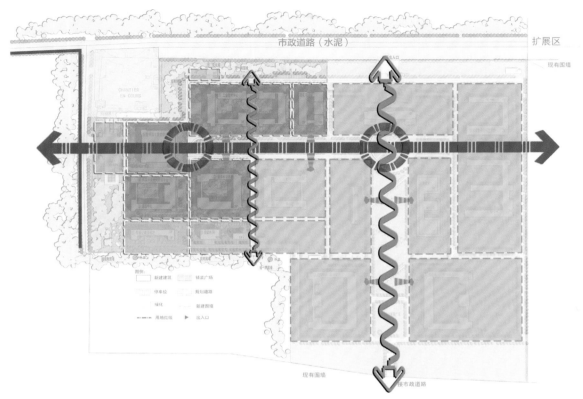

图 5 规划分析 1

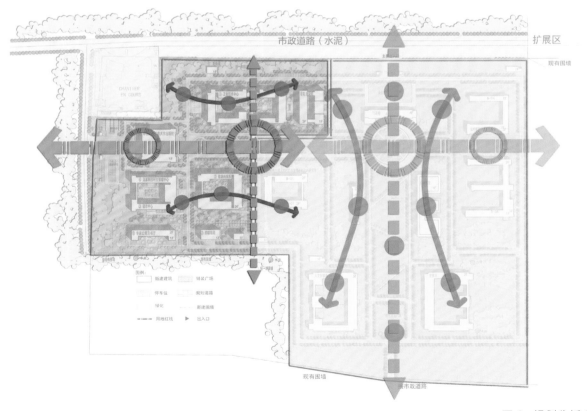

图 6 规划分析 2

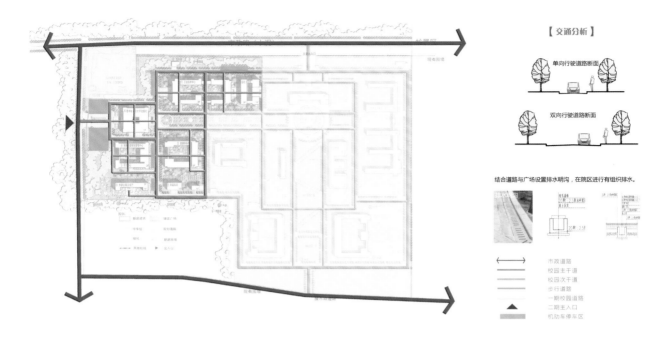

图 7 规划分析 3

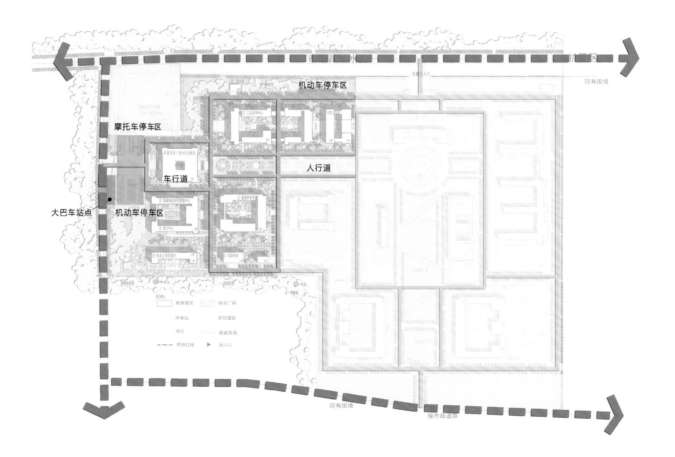

图 8 规划分析 4

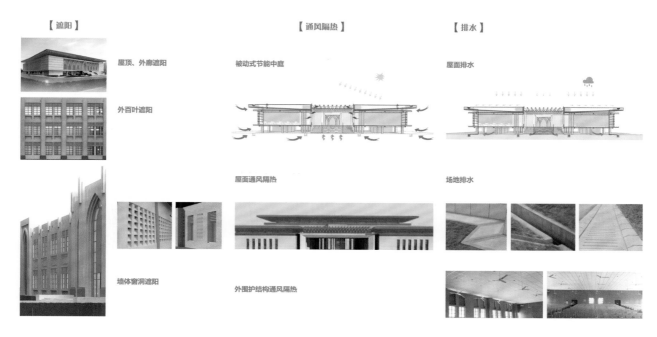

图 9 气候适应分析

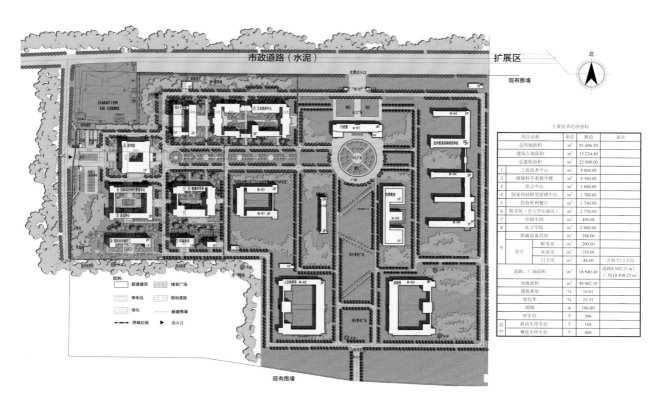

图 10 总平面图

图 11 鸟瞰图

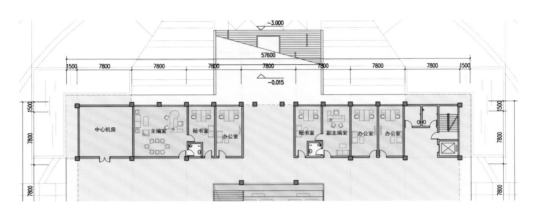

架空层平面图 1：500

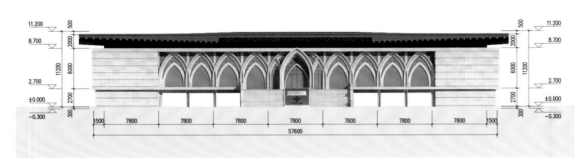

南／北立面图 1：500

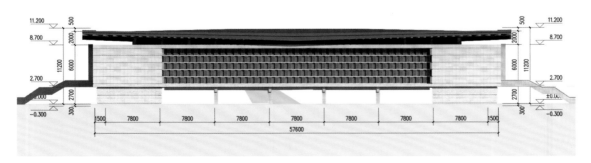

东／西立面图 1：500

图 12 图书馆立面图、平面图

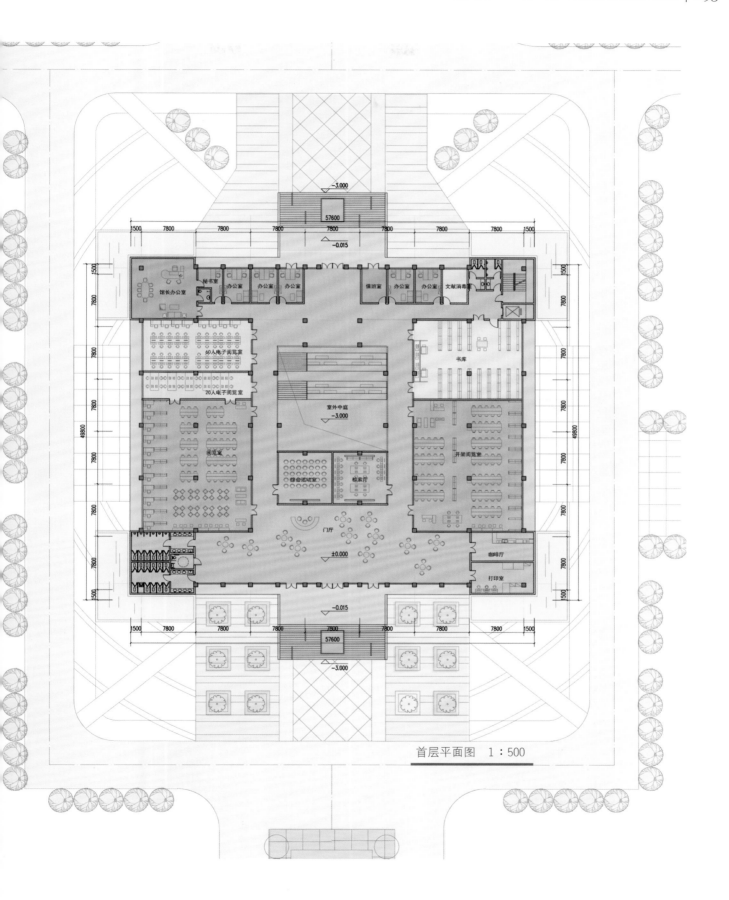

首层平面图 1:500

图 13　图书馆效果图

图 14 图书馆主立面效果图

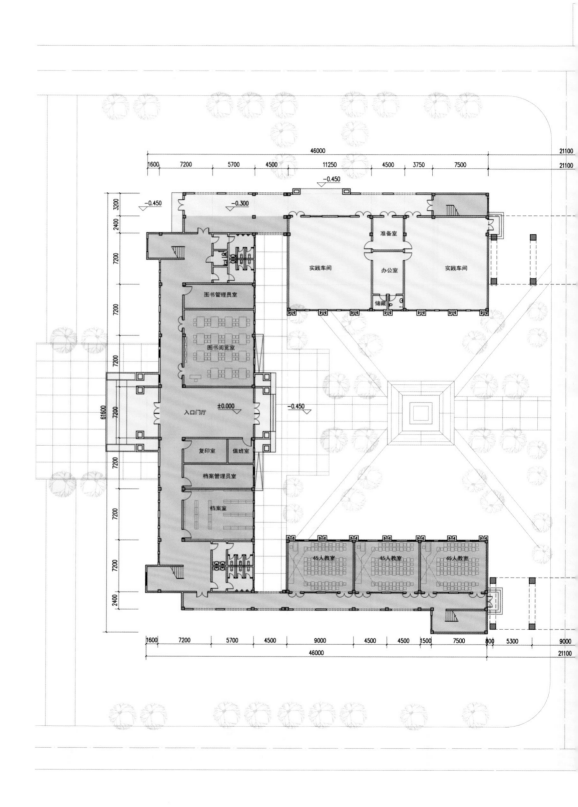

图 15 工业技术中心教学楼首层平面图

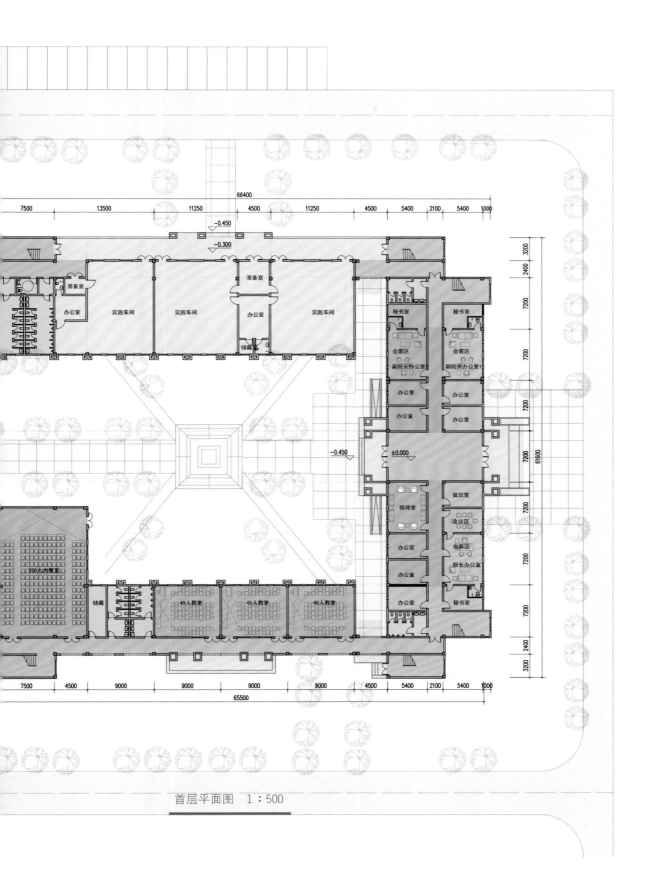

首层平面图 1 ∶ 500

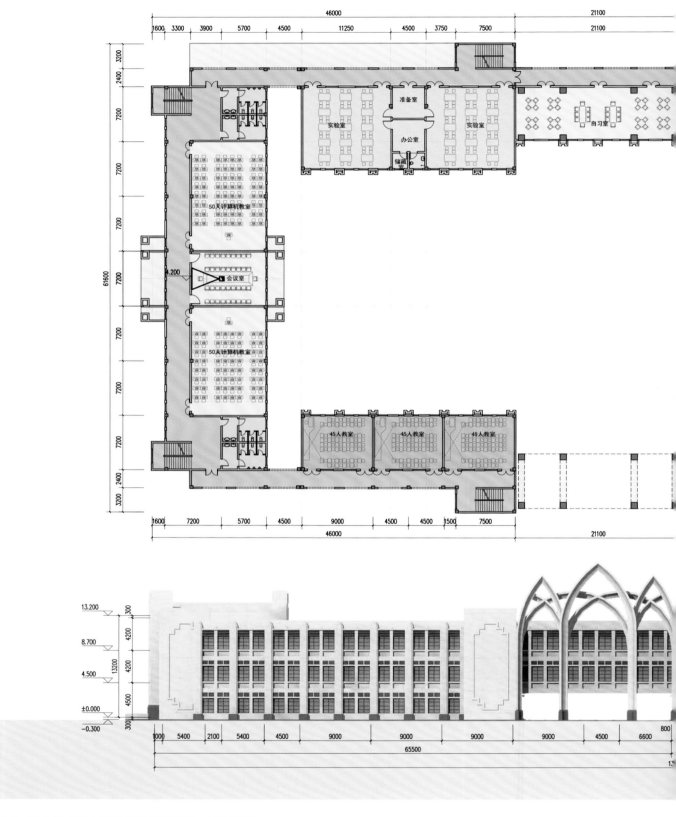

图 16　工业技术中心教学楼二层平面图、南立面图

二层平面图 1∶500

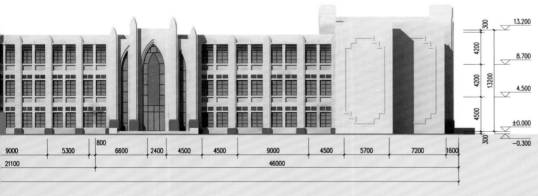

南立面图 1∶500

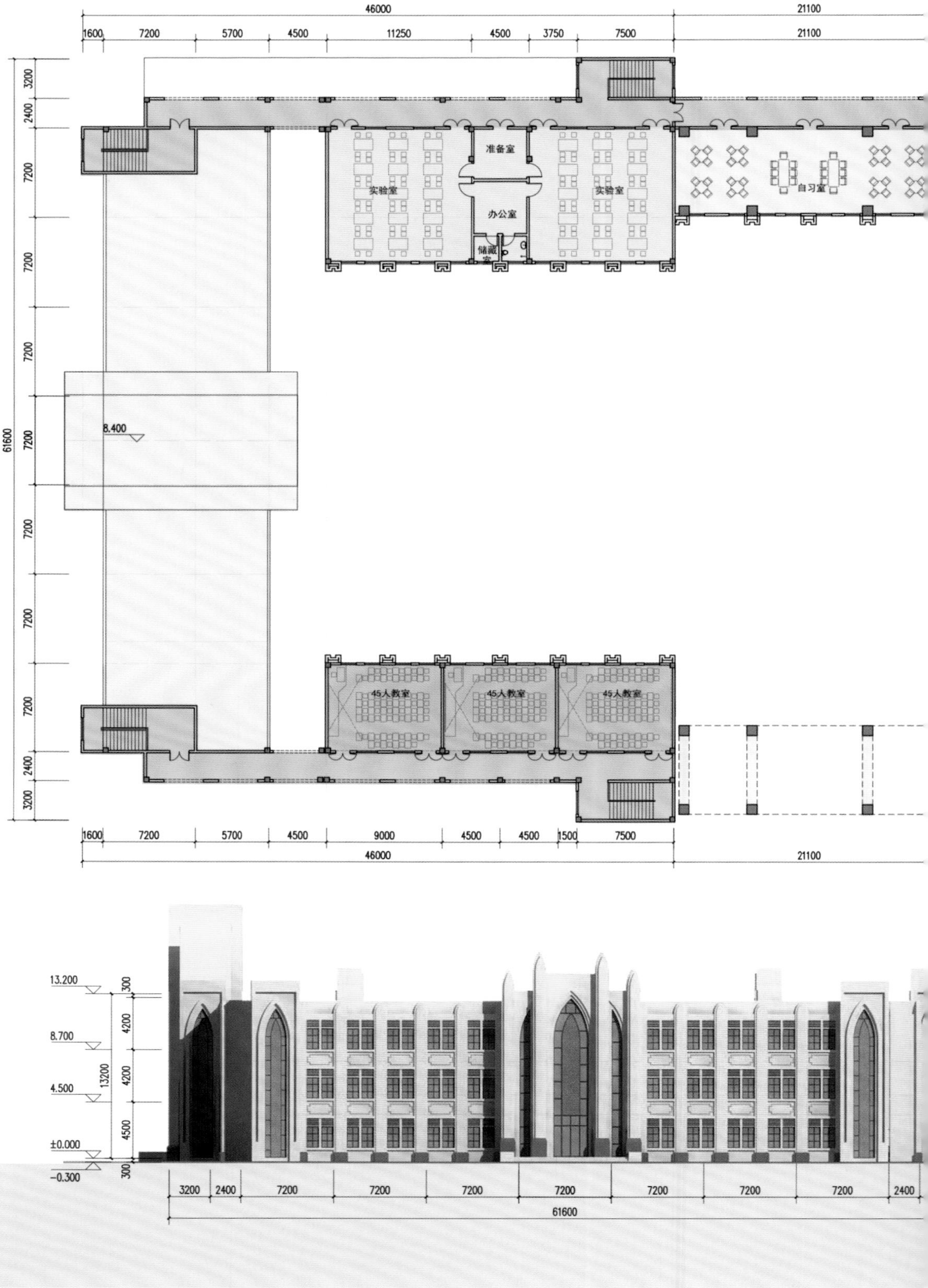

图 17 工业技术中心教学楼三层平面图、西立面图

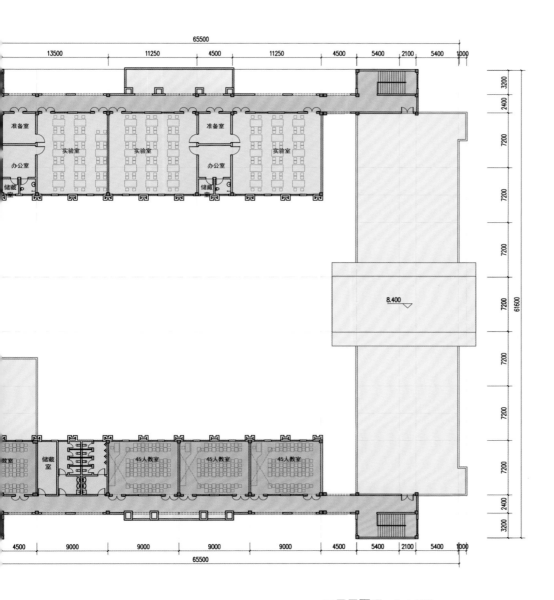

三层平面图 1：500

西立面图 1：500

图 18 工业技术中心教学楼效果图

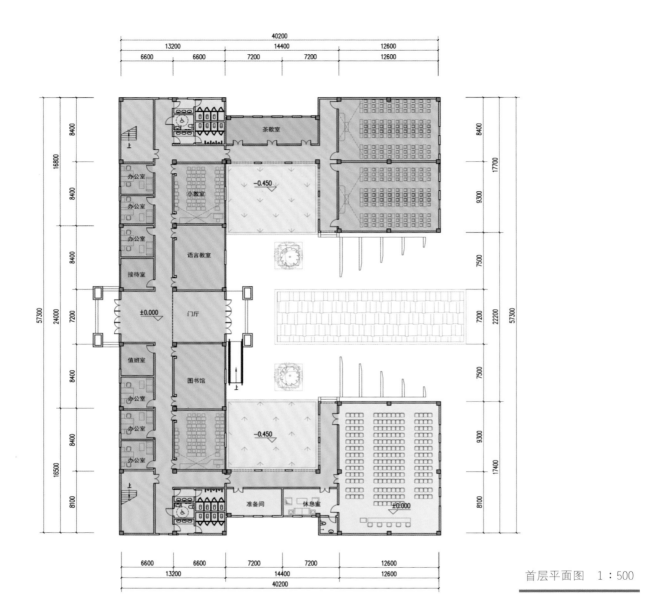

首层平面图 1:500

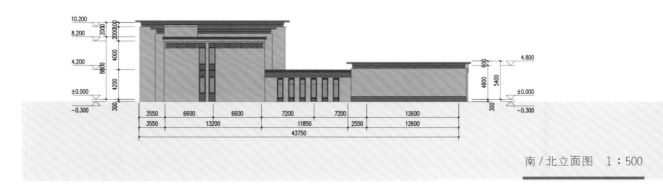

南/北立面图 1:500

图 19 孔子学院立面图、平面图

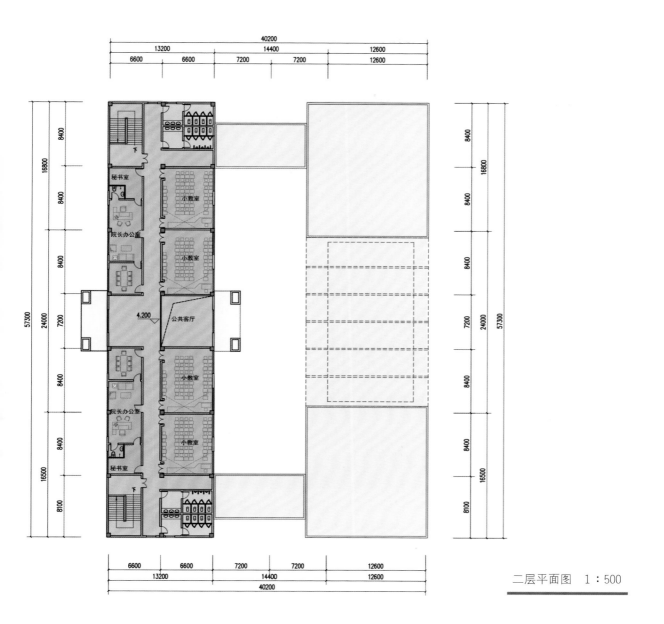

二层平面图 1：500

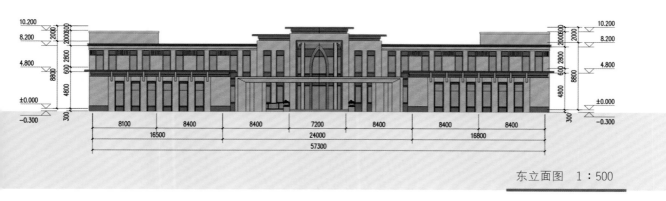

东立面图 1：500

图 20 孔子学院效果图 1

图 21　孔子学院效果图 2

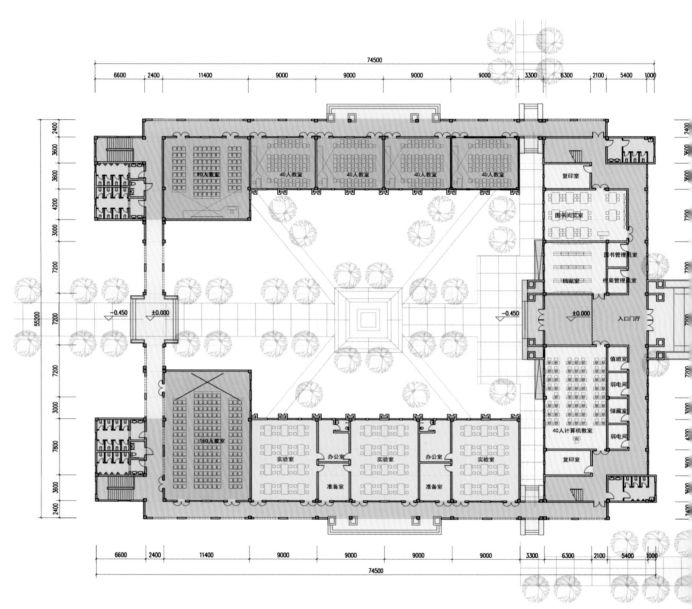

首层平面图 1：500

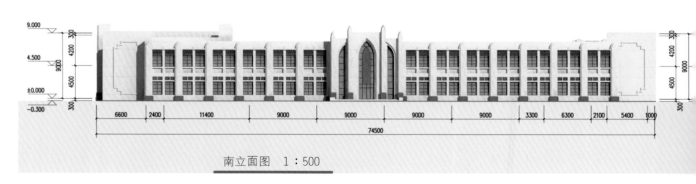

南立面图 1：500

图 22 健康科学系教学楼平面图、立面图

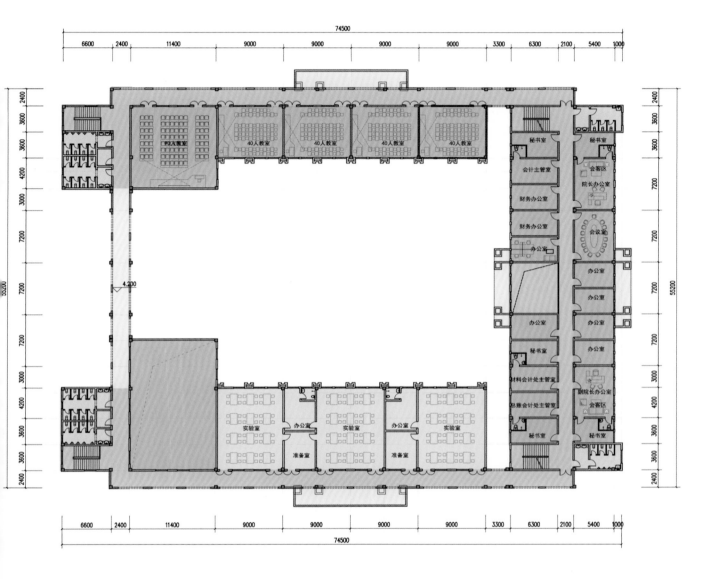

二层平面图 1：500

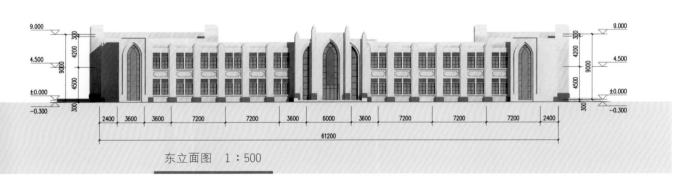

东立面图 1：500

图 23　健康科学系教学楼效果图

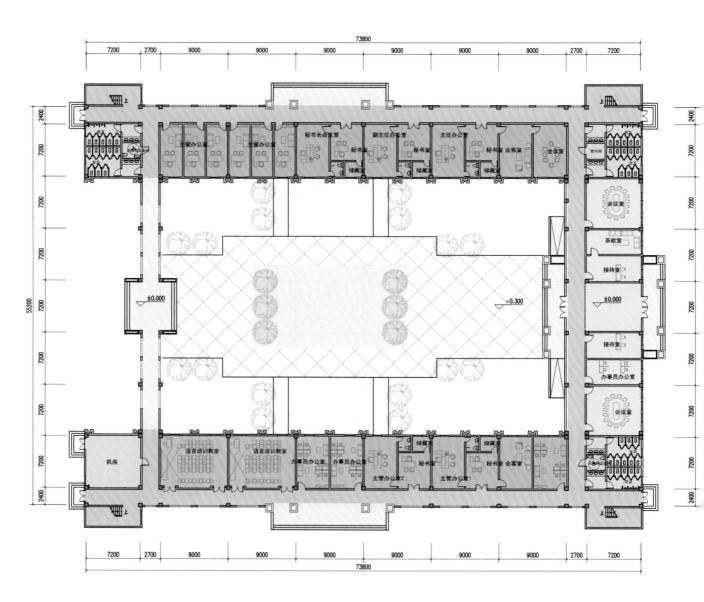

首层平面图 1 : 500

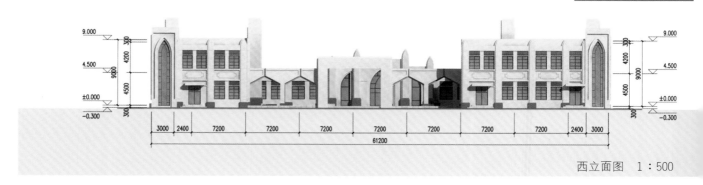

西立面图 1 : 500

图24 国家科技研究管理中心和语言中心平面图、立面图

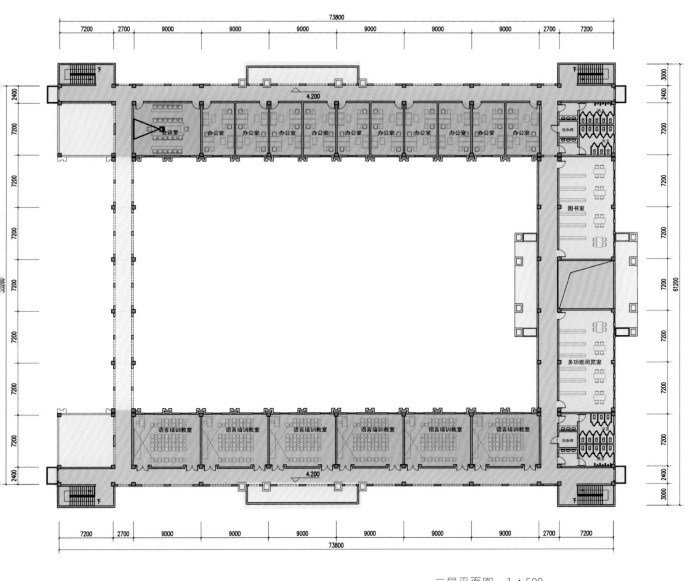

二层平面图 1:500

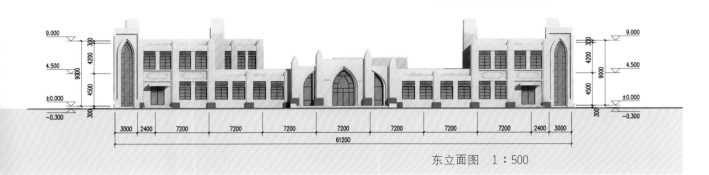

东立面图 1:500

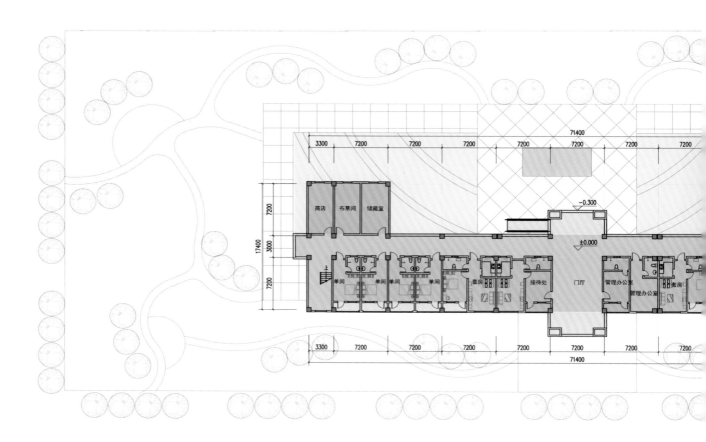

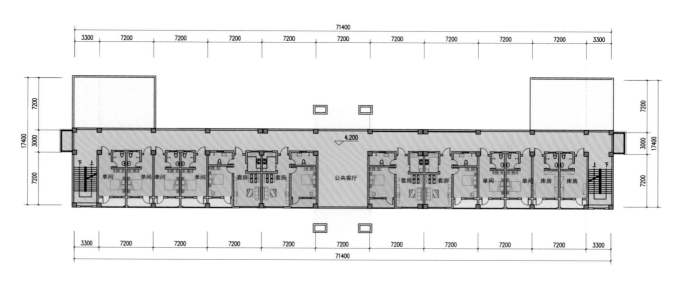

二层平面图 1:500

图 25 招待所和餐厅平面图、南立面图

首层平面图 1：500

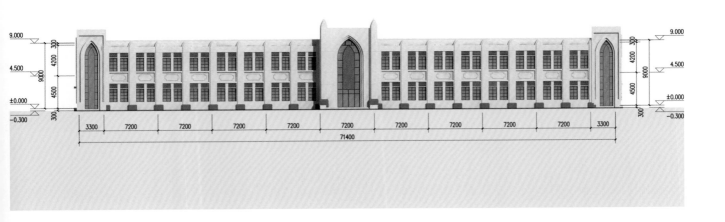

南立面图 1：500

图 26 招待所和餐厅效果图

第三节　医疗建筑

项目1：援柬埔寨特本克蒙省医院

项目名称： 援柬埔寨特本克蒙省医院
设计时间： 2018年
设计机构： 中国城市建设研究院
设　计　师： 崔博森及其团队

　　柬埔寨特本克蒙省医院是由中国无偿援助的综合医院，用于改善柬埔寨农村地区的民生，对柬埔寨社会保障体系发展十分重要。医院建成后，中国将派出医疗队前往特本克蒙省，缓解当地百姓看病难的问题。

　　医院总用地面积为76 251.6平方米，总建筑面积为23 983平方米，规模为300个床位。建设地点在柬埔寨特本克蒙省，具体建设内容包括急诊楼、门诊楼、综合住院楼、医技楼、儿科住院楼、感染楼、行政办公宿舍楼等，同时配备必要医疗设备。门急诊楼为二层，医技楼为二层，综合住院楼为七层，感染楼为二层，儿科住院楼为三层，行政办公宿舍楼为二层，七层综合住院楼建筑檐口高度为29.7米。

　　本项目规划用地紧临行政区73号公路（用地南侧），西侧为与行政区配套的住宅小区，场地南侧25米为私人用地，其余方向均有市政道路。项目总体规划原则为规范适用、整体规划、投资匹配、功能优先、技术创新、绿色环保、维修便利和可持续发展。建筑空间与整体形象和周边环境协调，既具有柬埔寨特点，又能体现中国援助的特点。项目设计遵循生态和人文环境相结合的原则。

　　项目用地位于热带地区，年平均气温29~30 ℃，用地面积宽裕，在考察用地周边状况后，在总体设计中预留一定的发展用地，医疗主体采用分散式布局的方式，这种方式便于与环境协调，通透性好，具有良好的功能和自然通风采光条件，对地形的适应性也很强。各医疗部门相对独立，自成体系，各得其所，有利于分散人流，避免交叉感染。在医院流程设计合理的前提下，本项目设计把中国传统的"庭院""廊""实体"等空间概念作为医院的总体布局特征和基本方

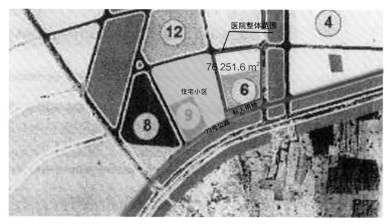

图1　规划用地位置

法，而且庭院、廊、实体空间也符合当地的气候特征，二者相得益彰，实现了中国式园林元素与柬埔寨本土文化元素的结合。

"廊"起到医院先进理念"医疗街"的作用，它连接门诊楼、急诊楼、医技楼、住院楼、感染楼等各医疗部分，为患者提供便利交通条件的同时，在下雨或暴晒条件下，也能提供舒适的就医环境。通透的廊道具有良好的通风效果，侧向设置的格栅可以遮阳，所以"廊"的概念既符合医疗建筑的流程需求，也适应当地的气候特点。通过"廊"和建筑实体围合成的"庭院"相隔布置在各医疗部门之间，庭院作为本项目的呼吸空间，能够体现建筑与患者对自然的需求。庭院能给患者提供一个安静的空间，使患者的心境更趋于平和，有利于促进健康。设计师通过庭院空间的设计手法，引入自然、再现自然。庭院的设置能为患者、探访人员、工作人员提供一个开放的休息空间，便于进行活动、交谈、思索等。利用庭院空间所具有的归属感，营造出促进患者健康的空间。庭院的存在也加强了医院的自然通风和采光效果，节约能耗，为整个建筑提供了良好的环境氛围。

在建筑规划用地中心规划有门诊楼、急诊楼、医技楼、住院楼。行政办公宿舍楼则布置在地块东北角，是一幢集办公和住宿于一体的综合楼，与医疗区建筑有一定距离，独立成区，避免与医疗区的病患人流产生交叉。感染楼布置在用地西北

图 2　庭院效果图

角，单独成区，远离医疗区及其他建筑，位于院区的下风向。西面布置后勤服务用房，包括发电机房、变配电室、太平间、氧气站、污水处理及垃圾收集室。垃圾焚烧区布置在场地西南角，远离主楼医疗区、生活区。东面规划有机动车停车位和摩托车停车位。南侧地块作为发展预留用地。

场地共设置四个出入口。东侧规划为整个院区的主要出入口，正对院区主要出入口的是门诊出入口，门诊楼南侧设置急诊出入口和住院出入口，门诊楼北侧设置儿科门诊出入口和儿科住院出入口。用地北侧布置院区次要出入口，此出入口主要供行政生活区人员及医护人员出入，以达到与患者分流的目的。用地西侧设置感染楼专用出入口，传染病患者可方便快速地进入医院，避免交叉感染。污物出口设置在场地西南侧，便于医院污物运出，同时不影响其他建筑和人流。

交通流线总体考虑人车分流，避免流线交叉。机动车道沿建筑外围设置，与场地西侧和东侧道路相连通，满足建筑的消防要求。在建筑群东侧、南侧、北侧空地设置停车位，方便病患人员停车；在行政办公宿舍楼附近也设置部分停车位，供医

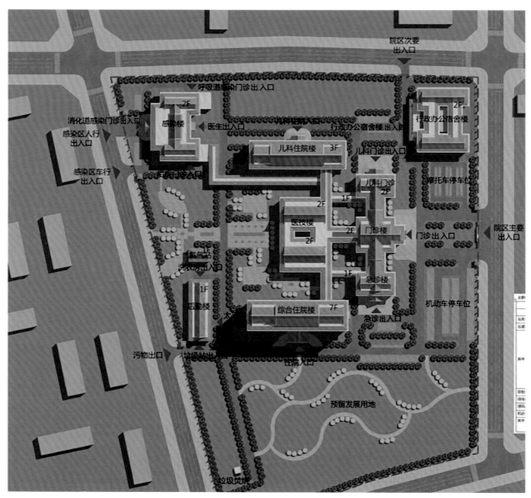

图 3　总平面图

图 4　柬埔寨传统建筑风格

护及后勤人员停车，以避免不同人员的车辆相互混杂。出入口和场地内部有专门的人行流线，特别是一些灰空间，如外廊，为行人提供安全、舒适的人行环境。

　　场地景观设计总体规划为六个功能分区：入口广场、庭院花园、复健活动花园、休闲漫步绿地、公共绿地和停车场。入口广场和中轴景观广场的设计为对称式的树阵广场，种植适宜本土的植物，铺装材料选用渗透性强的透水混凝土或透水砖。庭院花园种植本土花卉和低矮灌木，因该地区气候温湿、雨量大，故绿地设计整体下凹，能够消解部分雨水。复健活动花园位于儿科住院楼和综合住院楼的半围合内庭院以及西侧绿地，花园设计借助园艺疗法的概念（一种辅助性的职能治疗、代替医疗），通过实际接触和运用园艺材料，美化植物，使患者更多地接触自然环境。休闲漫步绿地位于整个场地的南北两侧，绿道宽3米，场地内种植色彩丰富、形式多样的景观树，铺装材料运用彩色荷兰砖或者透水砖。公共绿地主要设计为下凹式绿地，草坪种植当地适宜草种，重点节点设计雨水花园和生物滞留带，增加雨水的停留时间和净化时间。停车场纳入绿地范围，采用嵌草砖铺装，以吸纳雨水，减少地面硬化带来的热岛效应。

　　柬埔寨建筑融合了高棉传统建筑风格和宗教色彩，吴哥窟最具代表性。在巨大的石构建筑物上，庙堂建筑样式单一，多为箱式建筑，这些建筑物从上部顺次递减，重叠成数层与主屋同形的结构。立面装饰巴利文文字、宗教图案和神话传说浮雕。色彩搭配上用色大胆、纯净，以黄、赭、褐等暖色调为主。本项目在建筑的立面设计上尊重本地文化，同时也体现时代感。立面设计运用柬埔寨当地元素并进行简化。屋面采用适应当地多雨气候的坡屋顶形式，屋面及檐口形式吸收柬埔寨传统屋顶及檐口的特点，并适当进行简化，更具时代感。色彩符合当地特点，简洁、明快，与周边环境和谐统一。在延续本土元素的同时，利用立面竖向线条及窗的形式体现现代医院建筑的风格。

　　在援柬埔寨特本克蒙省医院项目创作设计过程中，除了满足基本的医疗流程外，设计师把中国园林的空间特征也融入建筑形象中，借助医疗建筑这个载体把中国文化传播到异国他乡，同时采用柬埔寨当地的色彩及建筑语言，使建筑更好地适应当地环境，与整体环境和谐统一。

图 5　效果图 1

图 6　效果图 2

图 7　效果图 3

项目2：援苏丹达马津中苏友谊医院

项目名称： 援苏丹达马津中苏友谊医院
设计时间： 2015年
设计机构： 中国城市建设研究院
设 计 师： 崔博森及其团队

苏丹共和国（简称苏丹）位于非洲东北部、红海沿岸、撒哈拉沙漠东端、尼罗河中下游，是世界上最落后的地区之一，国土面积1 886 068平方千米，为非洲面积第三大国，境内人口约4 300万，但其国民生产总值只有整个非洲大陆的百分之一，因长久的战争，其民众生活水平较低。中国同苏丹自1959年建交以来，一直保持友好的外交关系。中国对苏丹的援助涉及农业、医疗、居住、教育、体育、工业、能源等多方面。在中国的援助下，苏丹逐步建立了自己的工业体系，在积极探索中实现了国家经济水平的发展与显著提高。援苏丹达马津中苏友谊医院，是中国对苏丹医疗援助的实体项目，是近年来援助苏丹的友谊医院中较具有代表性的医院之一。

苏丹位于北纬9°和北回归线之间，全境受太阳直射，是世界上最热的国家之一，干旱而炎热是这个国家气候的基本特点。项目所在地达马津，位于该国东南部，是青尼罗省的首府。该地区为夏季炎热多雨、冬季温暖干燥的热带草原气候区。苏丹国内70％的人信奉伊斯兰教，其传统建筑多为伊斯兰建筑风格。因此，中国建筑师在进行建筑创作时，充分考虑了地理环境与地域文化因素，以创作出一座具有当地特色的现

图1　苏丹传统建筑（图片来源：https://m.quanjing.com/imginfo/qj9108020010.html）

图 2 鸟瞰图

代化医院。

苏丹达马津中苏友谊医院场地为长方形，地势平坦，场地面积约为 13 400 平方米，总建筑面积8 543平方米，有120个床位。三幢主体建筑采用南北向 "王" 字形布局，分别为门诊楼、医技楼和住院楼，通过医疗街（连廊）相连，实现有效的功能分区与人流分散。门诊楼由南入口进入，通过挂号、收费进行诊断治疗，再到医技楼检查治疗，最后到住院部，形成 "一" 字形治疗模式，治疗距离最短，最快捷。总体建筑布局充分利用自然通风，同时外廊采用木色铝塑方管通透格栅，主入口上方二、三层休息厅外墙采用通透花墙，进一步利用自然通风。

建筑设计师进行创作时，将苏丹传统伊斯兰建筑元素与现代化医院的功能和形式进行融合。建筑立面采用伊斯兰风格，既具有伊斯兰建筑的庄重、雄健，又不失雅致。首层窗样采用具有地域特色的竖长拱形窗配以短遮阳板，进一步适应当地炎热的气候环境。立面颜色为白色与褐色结合，通廊与主入口上方绘有苏丹传统纹样，实现了建筑地域文化的表达。在实际建造中，考虑到经济性、地域性等因素，同时充分尊重苏方代表的意见，设计师对原方案进行了调整，增加了伊斯兰传统建筑的符号，如将二、三层外窗也修改为拱形窗，并且调整了首层框架柱的外饰面材质和颜色，调整了主入口上方通透花墙的颜色，使建筑整体更加简洁而轻盈，也更加符合苏丹人民的审美取向。这也充分体现了我国进行援外建筑创作时对受援国的尊重，展现了建筑设计师在此过程中的灵活处理能力。

图 3　效果图

图 4　实景图 1

图 5 实景图 2

图 6 实景图 3

项目3：援布隆迪医院

项目名称：援布隆迪医院
设计时间：2009年
设计机构：中国城市建筑设计研究院
设 计 师：崔博森及其团队

　　布隆迪共和国（简称布隆迪）位于非洲中东部赤道南侧，北与卢旺达接壤，东、南与坦桑尼亚交界，西与刚果（金）为邻，西南濒坦噶尼喀湖。布隆迪境内多高原和山地，大部分由东非大裂谷东侧高原构成，全国平均海拔1 600米，有"山国"之称。布隆迪虽然地处热带，但气候宜人，常年四季如春。然而连年的内战和经济危机使国家经济遭受重创，布隆迪是最不发达的十个国家之一。

　　中国于1963年同布隆迪建交，1965年布隆迪曾单方面宣布与中国中断外交关系，后于1971年恢复外交关系，此后中布友好关系发展顺利。由于布隆迪经济发展水平长期滞后，中国长久以来对其进行了教育、医疗、居住、体育、基础设施等多方面的援助，主要援助项目包括总统府、布琼布拉职业技术学校、布琼布拉联合纺织厂、穆杰雷水电站、高压输变电工程、布琼布拉至尼罗河公路、竹藤草编手工业培训中心、七号公路治理工程、鲁卡拉垦区和姆丹巴拉至布鲁里公路、缝纫车间、高等师范学校、姆邦达综合医院和三所农村小学校等。这些援建项目极大地改善了当地的生产生活水平，为布隆迪发展贡献了持久的力量。

　　援布隆迪医院项目用地为不规则四边形，面积约2公顷；地势东高西低，东边最高处海拔810米，西临国家级公路，海拔约798米，东西最大高差约12米；西部由于人工取土形成约2米深、20米×25米的土坑。用地范围外的东面、北面紧临散落的简

图1　布隆迪风光

图2　坦噶尼喀湖

陋民居建筑，南面隔土路与一所中学相邻，用地西南角是当地县政府朴实的办公楼建筑。

本项目为综合医院，建筑面积7 450平方米，采用框架结构，设有105张病床。医院建筑包括门诊、医技、病理、中心供应、营养厨房和餐厅、行政办公、住院等功能空间，另有洗衣房、发电机房、消防水泵房、停尸房等附属建筑。

项目结合地形、地势设计，主体建筑门诊楼居于场地中心，从西侧公路向东分门诊和后勤楼、病理和检验楼、病房和手术楼三组建筑，它们位于三个不同的标高台地上，分区合理，联系方便，节约投资。洗衣房、发电机房、消防水泵房、停尸房等附属建筑安排在场地东南角，对内可直达病房和手术室，对外临近道路形成独立的出入口。考虑到当地人民的生活与就医习惯，在东北角安排布置了看护、探视病人的家属使用的室外烧饭、洗衣平台和室外厕所，使用钢制顶棚，经济实用。同时，病房楼局部加高，作为病人及家属的礼拜房。

场地道路依建筑的室内地坪标高不同而顺势找坡；门诊楼与公路间形成广场，与病房间形成院落，在场地周围适当位置设置挡土墙，并与医院景观相结合。

建筑采用当地建筑常用的大坡屋顶，配以沥青平瓦，采用国际通用的医院十字标志的深绿色。墙体使用当地黏土砖，外饰面涂料和已有医疗中心、住宅的色彩和风格相协调。主体建筑顶层中心区域采用透空栏栅设计，配合室内通风口，实现自然通风。主要功能用房之间采用室外长坡道连接，替代无障碍电梯，节能环保，也解决了当地电力、维护能力不足的难题。这种被动式节能技术经常使用于基础设施水平较差的受援助地区，因节省建造、使用和维护成本，得到受援助国的欢迎和肯定。

图3 建设场地

图4 场地南侧的中学

图5 场地范围内的医疗中心

图6 场地西侧的公路

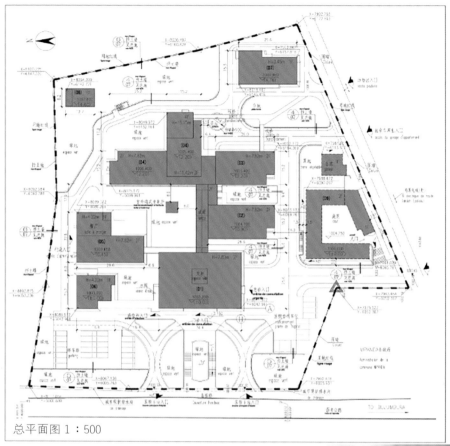

总平面图 1：500

图 7　场地设计

图 8　鸟瞰图

编后语：援外建筑在路上

援外建筑是中国对外援助的重要组成部分，它们作为成套项目由中国建筑师进行设计，由中国企业进行管理和施工。这些援外建筑遍布亚、非、拉等大洲的多个国家和地区，数量较多，对当地产生了较大的影响。近年来，随着"一带一路"倡议的积极推进，中国援外项目政策开始向"一带一路"沿线国家倾斜。

本书展示的三类建筑包括办公建筑、教育建筑、医疗建筑，它们都是和民生紧密关联的。这些建筑极大地改善了受援国的基础设施与城市建筑，同时也成为中国当代建筑的重要组成部分。由于援助金额有限，同时受受援国地区的基础设施和使用维护水平制约，中国建筑师的创作有别于国内大型的商业项目，而着重强调经济性、实用性和适用性。他们采用了不同的设计手法，但大多将地域性设计作为主要的切入点，形成独具地域特色的创作风格。编者将它们视为一种属于中国援外建筑的独特的现代主义和地域主义。

在影响援外建筑创作的众多因素中，环境气候是相对恒定的核心设计因素之一。中国援外建筑的设计对于地域性的考虑，很多是耐候性、地域性尝试，大多项目采用了被动式的低技节能技术，例如通风和遮阳技术。这些对于炎热地区是非常适宜的，也更加适应受援国的基础设施条件、气候环境，受到受援国的欢迎。

大部分援外建筑使用中国的设计规范和建筑标准，建筑师在进行创作时也会充分考虑当地的设计习惯、设计规范、设计准则等，中国规范和标准的适用性、灵活性在这些援外建筑的设计中得到了检验。

近年来，随着援外机制的改革，受援国在援外建筑创作过程中的参与度显著提升，援建的建筑能否契合当地的人文与地域环境，能否彰显其民族与国家特色，已成为设计方案能否中标并顺利实施的关键点。在建筑创作中，能否正确理解和恰当表达地域文化，关系着援建项目能否顺利实施和投入使用，也关系着援建项目的品质高低。建筑创作中的文化表达，作为地域性设计的重要体现方式之一，能够使这些异域作品更加契合当地的人文环境。而在这些援外建筑的创作过程中，文化表达是建筑师进行地域性设计的重要概念之一。在建筑创作中对地方文化进行象征性表达，延续地方建筑风格，是很多中国建筑师乐于采用的设计手法。同时，受援国由于发展相对滞后，其对于现代化和科技化有着强烈的兴趣和向往，对援建的建筑大多要求具有国际风格和现代风格。因此，在当代建筑语境下，巧妙而协调地结合当地文化进行创作成为关键，这就为中国的建筑师带来了机遇与挑战。

援外建筑是否遵循地域设计原则，是否能够较好地融入当地的环境、城市、文化，是建筑创作中需要重点关注的问题。中国建筑师通过多种地域性设计方法，使这些输入异国他乡的"庞然大物"很好地与当地的气候、人文、城市等融为一体，这些建筑得到了当地人民的接纳和肯定，并将持久地发挥作用。

实际上，除本书展示的办公、教育和医疗建筑之外，中国援外建筑还有其他类别，例如体育建筑和文化建筑，它们也占据了援外建筑的较大份额。这些建筑规模较大，受到的关注、报道也比较多。它们同样具有独特的设计语言和方法。如果有机会，我们会在未来将其列入出版计划，进行集中表达。

中国设计在"一带一路"上蓬勃地发展，中国建筑师用自己的智慧和热情，为援外事业贡献着力量，也在积极地向世界展示中国当代建筑的设计水平和中国标准的优势。我们相信，中国设计在未来会借由"一带一路"走入更多、更广泛的地区，并为当地带来发展、进步与繁荣。